ON THE ROAD OF HARNESSING LIGHT

御光路上

光与聚合物的故事

THE STORY OF LIGHT AND POLYMERS

张其锦 著

中国科学技术大学出版社

内 容 简 介

本书面向所有好奇科学奥秘的读者,以光与聚合物的相互作用为主线,讲述作者在自然科学研究中的点滴体会、认知与感悟,包括与科学相关的各种热点话题。例如,什么是科学,如何做科研,如何评价科研成果,如何将实验室成果产业化,等等。本书语言简洁明了,尽可能地使专业内容通俗易懂,让中学生有兴趣,大学生能读懂,研究生及科学研究领域中的工作者可借鉴。

图书在版编目(CIP)数据

御光路上:光与聚合物的故事 / 张其锦著. -- 合肥:中国科学技术大学出版社,2024.9. -- ISBN 978-7-312-06069-4

Ⅰ. O572.31-49;O632-49

中国国家版本馆 CIP 数据核字第 20246QN206 号

御光路上:光与聚合物的故事

YU GUANG LUSHANG: GUANG YU JUHEWU DE GUSHI

出版	中国科学技术大学出版社
	安徽省合肥市金寨路 96 号,230026
	http://press.ustc.edu.cn
	https://zgkxjsdxcbs.tmall.com
印刷	合肥华苑印刷包装有限公司
发行	中国科学技术大学出版社
开本	710 mm×1000 mm　1/16
印张	14
字数	171 千
版次	2024 年 9 月第 1 版
印次	2024 年 9 月第 1 次印刷
定价	70.00 元

前　　言

　　学术专著的严谨文字读起来会感到枯燥和聱牙，可以想象，非专业人士是没有兴趣去读的。即使是专业内的人士，通常也是选择所需要的章节去读，寻找自己所需的知识和相关资料。专业人士必须接受这种阅读方式（或许专业人士的兴趣就在于此），而大量专业以外的读者则很难接受这种阅读体验。这样的现状大大影响了学术的传播程度，迟滞了科学的普及。

　　事实上，学术专著中，文字的严谨又是学术本身所要求的。没有这种严谨，学术的传播与延续将会产生偏差，时间长了，则会信息失真，误导后人。

　　面对学术专著传播的这一特点，我试图采用通俗易懂的语言，讲述一些学术专著背后的故事，包括学术专著中尚未能够充分细说的学术发展背景和科研项目的来龙去脉。本书即是按这一想法写作的，将学术专著背后的故事写出来，以弥补学术专著的不足。

　　何为学术？曾经有人问我：国内有很多的科技大学，为什么你们学校一定要使用"中国科学技术大学"作为校名呢？相比较起来，相差的就是两个字——"学"和"术"，结合在一起即为"学术"。所谓"学术"，定义为系统的、专门的"学"和"问"，专指学习知识的一种方式，泛指高等教育和研究，主要内容是认识主、客观世界及其规律的学科化。从简单明了的定义可以看出：以探索未知世界为己任的基础研究应该强调学术。侧重基础研究的中国科学技术大学看中的就是"学""术"这两个字。

"学术"的定义虽然很清楚，"学术"的内涵和外延却很少有人专门提及。细想起来，学术路上，每一位同行人都会有着自己对于学术内涵和外延的理解，已经出版发行的各类学术专著就包含着这些理解。了解这些学术内涵和外延的点滴细节，有益于未来从事学术研究的青年学者在学术路上健康成长。

本书以专著《光子学聚合物》（中国科学技术大学出版社，2018）内容为主线，以夹叙夹议的方式，通过具体事例让读者了解科学技术研究工作的起因、设计和各种主、客观因素对工作进程的影响。从学术角度帮助读者，特别是刚进入研究领域的年轻研究者，揭开科学、技术的神秘面纱，使他们能更加顺利地进行具体工作，为科学技术切实成为社会发展动力做出努力。

从"学术"的定义可以看出，科学是学术发展的基础。一百多年前，"赛先生"（科学）和"德先生"（民主）同时被引入中国。直到今天，关于科学的认知仍然还没有统一。作为一名科学技术工作者，除了自己的专业研究工作之外，帮助更多人了解和认识清楚科学的定义和内涵，也是一项本职工作。相关的专著已有不少，内容总是集中在科学的内涵和外延，缺少明确的科学定义和结合实际事例的生动故事。本书的一个目的就是结合自己的科学研究经历，采用讲故事的方式，形象地说明什么是科学，给科学一个明确的定义，以求读者获得对科学的全面了解。

为此，先从概念角度出发，给"科学"这一外来词以简单介绍。构筑知识海洋的基本单位是概念。从这个意义上讲，"科学"也只是知识海洋中的一个概念。概念是人们把感知事物的本质特点抽象出来加以概括的一种表达，是构筑人类认识的基本单位。概念具有两个基本内容：一是定义，是指概念的明确意思，常使用定义的方式来简单明确地回答什么是"概念"的问题，例如，什么是科学？二是内涵，是指概念涉及范围内的相关事物，常用于全面完整地回答"概念"是什么的问题，例如，科学是什么？关于"科学是什么"的问题已有很多专著，涉及科学的发展历史、科学的方法、科学的内容等。而关于科学的定义，也就是回答"什么是科学"的时候，答案并不明确，存在两种不同的声音。

简单而言，一种声音是"科学是正确知识的总和"。在这一定义下，科学处于至高无上的地位。什么事情只要冠以"科学"，则是正确的化身。另一种声音是"科学是对未知事物和未知规律的探索"。在这一定义下，所有对未知事物和未知规律的探索都是一样的，都是科学，具有平等地位。我赞同第二种定义。在这种定义下，很多问题能够得到理解：大到中医是否是科学的问题，小到研究生如何开展科学研究的问题，等等。例如，在指导研究生开展科学研究的过程中，常听到学生抱怨说：这次实验结果不好。我就很奇怪。科学本来就是对未知的探索，怎么会有结果的好与不好之说呢？本书将进一步说明采用"科学是对未知的探索"这个定义，会使科学研究中的各种疑问和困惑迎刃而解，获得科学研究的乐趣和动力。

除了"科学"范畴中有这样的大问题要探索，"学术"的背后当然也有辛酸和喜悦。在长期的基础研究工作中，我既有尚未找到研究方向的苦恼，也有获得新的研究方向的喜悦；既有对于未知问题探索时的茫然，也有获得新知识、新规律时的兴奋；既有遇到不理解、经费申请受挫的沮丧，也有完成项目以及获得新项目的舒心一笑。这些喜怒哀乐是工作中的必然，而具体的内容则会给年轻的同行以借鉴，给同龄的朋友以回味。这一愿景是我写作本书的初衷。

采用讲故事的方式回顾自己的科研经历会撇开专著文字的严谨，活泼和生动的文字会给读者带来一些阅读兴趣，这也是我进行科普写作的最初愿望，目的是想使科学走进大多数人的阅读范围。

我经历的科研故事非常多，要完成我的愿景，没有一条主线则会显得东一榔头西一棒子，就连自己都不知所云，更不要说读者了。采用讲学术研究背后故事和学术工作的点滴体会的方式则能够很好地克服这一点。为实现作者的愿景，本书的具体方法包括：采用"——"将每一章节的题目分成两部分。符号前的部分为源于《光子学聚合物》专业名词，源引文字用小号字表述在每一章的章名下方。符号后则是故事的主题。前者强调与专业知识的关联，后者点明故事的主题。我希望，这样的文字设计可以给从事和不从事这一窄小专业领域的读者提供一种帮助，方便他们从书中汲取自己所需。

《朝圣者》(2014年度影像中国年度人文摄影师金奖)

这是我所在的实验室毕业的研究生赵择博士在工作之余所拍摄的摄影作品。综观影像：云雾缭绕的天地之间，崎岖不平的山路上，单薄、孤独的身影在倔强地前行。作品画面给人的心灵带来强烈冲击和感动。震撼之余，我从这幅作品中感受到了科学人的无畏和坚持，恰如卡尔·马克思所说："在科学的道路上没有平坦的大道，只有不畏艰险沿着陡峭山路向上攀登的人，才有希望达到光辉的顶点。"

如上说述，本书的内容源自于实验室的科学研究工作。没有这些工作的长年积累，书中内容是不可能凭空产生的。在此，向所有贡献者表示衷心感谢：你们是本书内容的真正创造者。

本书的最终完成，离不开出版社的精心编辑和策划，在此也表示衷心感谢。本书所涉及的所有科研内容都得到了国家自然科学基金的资助，本书的出版也得到了中国科学技术大学人才基金的资助。在此表示感谢。

张其锦

2024 年 3 月

目　　录

1　聚合物——故事的主角 / 001

聚合物是由多个相同小分子通过化学键连接而形成的大分子。人为控制化学键的生成，可以在原子尺度上对聚合物的化学结构进行分子水平的剪裁。本书是一本以光与聚合物相互作用为主线，讲述光子学聚合物交叉领域中的科研故事的科普著作，故事的主角是聚合物。

2　光子学——光和聚合物 / 009

爱因斯坦的光电效应从实验上证明了光是分立能量，使得光量子概念得以建立，从此开启了光学的新时代。1926 年，美国化学家刘易斯首次提出了"光子"一词。随后，围绕光的量子化理论和实验，光子学逐步发展起来。光学到光子学的升级发生在光与物质相互作用的时刻，这一相互作用给光学材料研究带来丰富的研究内容：由光学材料进一步发展到光学器件，最终完成驾驭光的历史使命。驾驭光的愿景将光与物质相互作用放到了材料科学的灯塔位置，引导着不同材料学科向着各具特色的探索方向，开展各种交叉研究。

6　双光子聚合——聚合反应遇到光子学 / 045

双光子吸收是光子学理论中一个强光与物质相互作用的概念。当物质具有两倍单光子能量的双光子能级，仅具有与单光子能级吸收所匹配能量的强激光进入物质时，前、后两个光子叠加，能量倍增，进入物质的双光子能级，实现通常条件下无法完成的双光子吸收，从而引出随后的各种激发态反应。例如，使用双光子吸收，通过双光子聚合方法可以刻写出三维的立体牛。双光子聚合利用了双光子吸收过程的穿透性好、空间选择性高的特点，在三维微加工、高密度光储存及生物医疗领域有着潜在的巨大应用前景。

7　有机聚合物材料——从聚合物科学到聚合物学科 / 052

作为一种分子量超大的巨型分子，一百多年以来，聚合物研究从化学出发，迅速成为生活上须臾不可缺少的新材料，最终形成了一门新兴的聚合物学科。在探索聚合物的科学道路上，已经有太多的人为此奉献出了自己的才华和毕生精力。让我们这些后来者，努力开创新途径，继续拓展这一新材料领域吧！

8　聚合反应——聚合物学科的基础 / 062

聚合物是由小分子通过化学键连接而成的长链大分子，其中"通过化学键连接"是指一种特殊的化学反应，常称为聚合反应。卡罗瑟斯采用数学方法描述了这个聚合反应过程，将分子链的长度和聚合反应程度关联在一起，成为聚合反应的热力学基础之一。聚合反应的新进展如同卡罗瑟斯的工作一样，正在不断取得新知识和新规律。

9　结构——材料结构和波导结构 / 070

驾驭光给材料结构带来了新的要求。在材料的构型结构（一级结构）、构象结构（二级结构）和凝聚态结构（三级结构）之上，波导结构已经成为驾驭光的驭手。如今，复合波导结构与光的相互作用正在不断充实光子学聚合物研究的内容，推动光子学聚合物研究深入发展。

10　概率——聚合反应的数学模型 / 079

卡罗瑟斯建立了聚合反应程度与聚合度相关的数学模型，首次将数学和聚合反应融合在了一起。从学科的发展来看，这一步虽是很小的一步，却是聚合物科学走向聚合物学科的关键一步。在科学研究中建立数学模型，能够较快和明确地获得对未知领域的本质认识。

11　速率延缓——基础研究中另辟蹊径 / 086

国家自然科学基金面上项目的要求之一是另辟蹊径解决问题。"另辟蹊径"需要有工作积累和广泛的知识积累。由于互联网的存在，"知识积累"显得不那么重要，而"工作积累"就显得格外重要。讲"外加磁场条件下的RAFT聚合"相关研究工作的故事，希望基金申请者能从中体会到"另辟蹊径"源头出现的过程，创造出自己的，既有"关键科学问题"，又有潜在应用前景的基础研究工作计划。

12　配体——红花仍需绿叶 / 095

如果将稀土络合物中发光的稀土离子看成一朵花，配体就像绿叶一样给这朵花增添了美观。这一美景不仅来源于红花的艳丽（稀土的丰富能级），更是来源于绿叶的衬托（配体的强吸收光能力）。基础科学研究如同稀土络合物的发光一样，不仅要有红花（发表的论文），还要有绿叶（持续积累）的帮衬，才能够获得科学研究的繁花似锦。

13　分辨率——眼界的精细度 / 103

人类迫切了解微观世界的愿望使得对追求完美观察手段的步子一直不停地向前。近场扫描显微镜是利用光纤探针观察材料表面的倏逝场，能够在50 nm的分辨率条件下，确定材料中凝聚体的尺寸，提高了观察微观世界的"眼界精细度"。

14　聚集——物以类聚 / 112

"物以类聚，人以群分"是人们对世界运行规律的认识。这一规律反映在材料科学，给材料研究领域带来许多新的研究内容。新的发现不仅能够丰富材料学科的内容，也正在不断扩展材料的应用范围。光子学聚合物背后的故事正在上演着，必将会继续上演。

15　稀土掺杂聚合物光纤——交叉研究 / 119

实际做起来交叉研究才发现：提出交叉的观念还算是容易的，真正实行还会遇到很多困难。然而，只要你的研究方向正确（这通常由导师决定），实验结果是可重复的实验，背后一定有相关知识和规律，值得加以深入探索，从中获得新知识和新规律。进行交叉科学研究，还需要足够的物质条件。经济条件的不断改善将帮助基础研究向交叉、创新方向深入发展。

16　随机激光——直面实验结果 / 125

科学是对未知的探索。遗憾的是，很多人对这一点存在模糊的认识。最典型的事例就是：在实验室经常听到抱怨，说实验结果不好，实验又失败了。这种说法来自于没有考虑科学的定义，即没有从科学的定义出发来认识自己的工作和设计自己的科学实验。遇到这样的情况，首先需要问的是：这个实验是否可以重复。如果可以重复，说明可能存在现在所不知道的知识或规律。其次，要进一步厘清思路，重新设计实验，确保实验设计的合理性和实验结果的可靠性。

17　无源聚合物光纤——教学的学问 / 132

大学是传承知识的圣地。其中"承"就是要将已有知识掌握起来，而"传"就是要站在已有知识的基础上，不断创造出新的知识。"世事洞明皆学问，人情练达即文章。"传授知识本身也是一门学问。"世事洞明"需要教师在批判的基础上继承已有知识，也是一位教师的终身事业。另一方面，不断创造新的教学方法和内容，也是创造知识的内容。时代在进步，环境在变化，教学也随着这些变化在不断创新，不断进步。这个过程少不了许多研究工作在其中起到的推动作用。

18　聚合物光纤光栅——合作研究 / 140

年轻时出国去，一心想着能够学习国外的先进的科学理念和先进的工程技术。转眼 30 多年过去，中国也有了生产高科技生活消费品的能力。相对而言，中国人的收入也比以前有所提高。生活在这样的环境，选择在国内工作，能够更好地将个人进步与国家发展相结合。

19　偶氮聚合物——组会 / 146

在决定了研究方向以后的整个实验室的运作过程中，与研究工作最相近的事情就是开组会。实验室全体人员为了一个共同的研究方向，走到了一起，相互间的工作既有区别，又有交叉，相互间的学术交流常常会产生意想不到的结果。经过多年的历练，每一位学生会获得良好工作习惯，实验室则营造出既宽松又紧张的工作环境，形成团结、紧张、严肃、活泼的学术氛围。

20　杂化光纤——论文和产品 / 153

创新已经成为各行各业工作的基本方针。在大学，"从 0 到 1"的创新研究强调知识积累基础上的创新。社会发展对创新的期望则是研究成果的产业化。从一个科学研究成果到一个能够产业化的产品，要走过的道路包括：实验结果—中试放大—规模化生产。大学实验室完成的工作只是第一步。在完成第二步和第三步过程中，技术研究的成分会增加很多。无论是从技术保密角度，还是从创新程度来说，这些工作都无法总结成论文发表，造成在大学很难独立完成创新产品的产业化。

聚合物量子纠缠源等一系列的交叉研究都体现出交叉学科是开展交叉研究的前提和基础。交叉研究需要交叉学科，交叉学科更是教育发展的必由之路。一个科学实验只能影响到一个实验团队和相关研究领域，而教育则是影响全社会发展的基础事业。

科学和技术互相依存，又互相促进。科学依赖技术进步，新技术的产生常常源于科学探索中的需求。两者在对未知世界的探索中是不可分割的两个方面。同时，科学与技术之间存在差别。认识到科学与技术之间的差别，培养起对科学与技术的清晰认识，并且在受教育阶段就能够根据自己的兴趣爱好，以及自身能力和条件，认真考虑自己未来的职业，从而获得不悔的选择。

社会发展的过程中常常会看到这样的情况：伴随着科学和技术的进步，在推出新产品的同时，会淘汰旧产品。不同的社会管理方式对科学技术进步会有不同的应对。无论如何，最为重要的事情是从这样繁复的变化中寻找出符合社会发展需求的规律，建立可持续发展的社会形态。

在历史发展的长河中，众多事实不断证明一个道理：科学中的偶然发现是推动科学发展的动力之一。抓住偶然的发现，勇于直接面对不合常理的实验现象，深入思考下去，就可能获得新的知识和事物的发展规律。宏观尺寸聚合物囊泡的发现和相关研究说明：有意义的实验结果常常发生在不经意的实验操作和仔细观察之中。

25　太阳能——实验方法　/　190

科学并不神秘，只要找到科学前沿，发展合适的实验技术和方法，就可以完成探索新知识及其相关规律的工作。只有既动脑又动手，才能有创造。在基础科学研究实验室，老师有责任指导学生开展针对实验技术的比、学、赶、帮、超，保证每一位研究生成长为能够从事（硕士生）或独立从事（博士生）科学研究的后备力量。

26　光伏组件——产业化　/　197

成本计算是新产品产业化中必须考虑的事情。发展新产品的企业是最终完成这一任务的主角。在创新已经成为国策的今天，帮助创新产品企业的发展是创新中的重头戏。要在社会发展的各个方面都取得进步，需要实事求是地吸取人类文明发展中已有知识，从企业出发，在坚持成本计算的原则下，走出发展新产品的坚实道路。

后记　/　206

1 聚合物——故事的主角

光子学聚合物（Photonics Polymers）是由光子学与聚合物科学交叉而形成的新兴交叉研究领域。使用"光子学"（photonics）与"聚合物"（polymers）两个名词来构成这一新领域的名称，目的是突出这一领域是由聚合物科学和光子学进行交叉而形成的特点。

——摘自《光子学聚合物》前言首页

对于广大读者来说，聚合物这个词太过专业，并不常见，但如果说塑料、橡胶、合成纤维这些名词，大家都再熟悉不过了。其中由塑料制成的包装袋是大家日常生活必不可少的用品，甚至由于"价廉物美、普遍使用"给环境带来了所谓的"白色污染"，已成为人人皆知的一种有机包装材料。

无论是从使用的体量还是从生活的必要性来看，这一类以塑料为代表的有机新材料已经迅速普及，与金属材料和无机非金属材料并列成为当今社会的三大基础材料。回顾起来，这类新材料在国内开始普及是发生在改革开放以后的事情。例如，20 世纪 70 年代，那还是改革开放以前，经穿耐用的尼龙袜和的确良衬衣可都是紧缺商品。相比起来，改革开放后的今天，琳琅满目的各种化纤产品已经能够满足生活用品市场的基本需求。

从塑料到橡胶，再到合成纤维不断地进入日常生活，关于这类新材料的知识也得到了一定的普及。然而，由于科普工作的滞后，这类材料的总称——聚合物，尚未在日常生活中出现，更少有人谈及这类材料被称为聚合物的内在涵义。

改革开放开启了我的大学学习阶段。在那个年代，专业是入学前就已经确定的。当接到被高分子化学专业录取的通知书时，我对高分子根本不了解。可以说，是完全走进了一个陌生领域。我至今仍然记住的一个事实是：在我们入学报到的地方高挂着一副横幅，上面写着"高分子时代到来了！"。那是 1978 年的初春，当时，我对高分子一无所知，但是，报到点上这唯一的横幅彰显的气势确实让我感到了一些自豪。

在进校后的专业介绍课上，老师进入教室尚未说话，直接在黑板上画了一条横跨黑板的长线，告诉我们：这就是高分子。当时我们不理解，多年以后才知道：除了分子量大以外，线形结构是高分子的基本特征。有别于金属和无机非金属材料，日常生活中遇到的高分子，包括塑料、橡胶、纤维等的特殊性能都与此线形的长链结构紧密相关。

博士毕业后我回校任教，逐渐承担了一系列与高分子相关课程的教学工作。经过二十多年的高分子化学相关课程的教学，最终决定在自己的文字里弃用"高分子"，选用"聚合物"这个词来作为这一类材料的统称。强调这一选择是有原因的。作为一个现代科技后起国家，在中国语言词库中选用"聚合物"一词是近几十年的事情。使用较为普遍的是"高分子"一词。这种状况可以从现有高校相关教材多是采用"高分子"一词的现状中略见一斑。

尽管学术上存在着不同的名称,相对应的客观实体则都是指一类由同种小分子相互连接而形成的长链分子。在通常情况下,这种由小分子重复连接形成的分子链很长,分子量很大,具有与通常分子量较小的小分子不同的物理、化学性质,所以单独分为一类,形成了与研究已有小分子的物理、化学内容不同的新学科。

最初(20世纪二三十年代),这种长链状分子首先由德国科学家提出,被称为聚合物(polymer)或高分子量化合物(high molecular weight compounds)。后传到东方,率先西化的日本采用汉字"高分子"来称呼这类分子。具体为何使用"高分子"一词已经无法考证,根据文字推测是"高分子量化合物"的缩写。

"高分子"这一称呼传入我国是20世纪50年代的事情了。即使在改革开放后,"高分子"一词仍然在学术领域占主导,在日常生活中还是高大上的称呼。记得一次我去购买老花眼镜,在挑眼镜时,我说这个较轻的眼镜是塑料的。营业员急忙说:"这不是塑料的,是高分子的。"显然她不知道塑料只是高分子材料中的一个具体类别,而把高分子当成比塑料更有价值的一种材料了。实际上,高分子是塑料、橡胶和合成纤维多种材料的总称。随着有机材料的普及,近些年又出现了涂料和胶黏剂两大类材料,与上述三类材料一起并称为五大高分子材料。

虽然"高分子"一词已经非常普及，然而，从严格的学术角度，"聚合物"一词才是比较贴切的中文表述：由多个相同小分子聚合而成的大分子物质。强调"相同小分子聚合"是一种带有明确化学结构内涵的定义。特别是，这种强调结构明确性的表达还能准确体现"聚合物是能够从分子水平进行剪裁的"这一特性。

目前，国内外的学术期刊中已经不太使用高分子量化合物这一名称。常常使用的是 polymer（聚合物）和 macromolecules（大分子）两个词。两者经常混用。从严格的学术研究角度，前者强调相同小分子连接而成的长链分子，包括由长链结构衍生出来的各种支化、嵌段、交联和树枝状聚合物。后者则较为强调分子量大，典型的例子包括各种生物大分子，包括核酸和蛋白质分子。它们均是由多种小分子组成的大分子。例如，蛋白质是由二十多种氨基酸形成链状大分子，而不是由单一小分子构成的。从长链状分子的性质角度上讲，蛋白质与聚合物是一致的。正是这一共同点，对两者的科学研究常常交织在一起，成为学术上没有严格区分"聚合物"和"大分子"两个名词的原因。

《光子学聚合物》是一本从聚合物出发，开发新型光子学材料和器件的专著。这里的基础材料是聚合物，不包括生物大分子。曾经有一段时间我试想将生物大分子引入研究，将其改性后用于生物传感。最终，由于涉及的知识面太大，研究需要的实验技术的跨度也很大，没能开展起来。从已有的经验来看，这一想法显然是有意义的。生物传感的第一要求就是与生物系统相容，而与生物系统相容的光子学材料最好是由生物大分子构成。开展这项研究需要与生物领域的研究人员合作。随着光子学聚合物的交叉研究逐渐深入，这样的合作研究终将会到来。

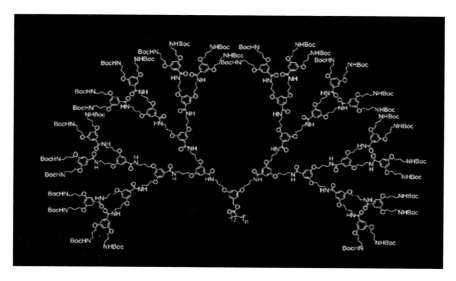

　　人工合成聚合物的分子量究竟有多大？这是瑞士科学家造出迄今分子量最大的稳定聚合物。分子量高达 2 亿 Da。要知道，人们熟知的水分子的分子量也只有 18 Da。这一巧夺天工的作品一经发表（Angew. Chem. Int. Ed., 2011, 50: 737-740），就获得人们的惊叹。德国马克斯·普朗克聚合物研究院的克劳斯·马伦称这项工作为"惊人的"技艺。

　　了解了"聚合物"一词的来龙去脉，请你原谅一位固执的、在聚合物领域工作了一生的老人坚持在这样一本科普读物中使用非常专业的名称来称呼本书的主角。实在是因为这个名称是最贴切的称谓（个人观点）。如果有读者习惯了其他名称，只要记住下面关系即可：高分子和聚合物均属于大分子；大分子内涵较为宽泛，聚合物则是大分子中专用于单一小分子重复连接而形成的长链分子的名称。日常生活中已经须臾不可缺少的塑料、橡胶和纤维等材料属于由聚合物构成的有机聚合物材料，通常也称为有机高分子材料。

　　强调单一小分子重复连接这一内容，是因为单一小分子的性质会由于这种连接而得到放大，同时通过对小分子化学结构的构筑又可以实现对聚合物从分子水平进行化学结构剪裁，从而获得具有不同化学、物理性质的聚合物。正是这一特质，使得仅有不到200年发展历史的有机聚合物材料迅速发展，与金属材料和无机非金属材料并称为人类社会的三大材料。

聚合物本身是有机分子（由共价键相连的碳、氢、氧、氮等轻原子形成的分子）。简单来说，金属材料是金属键相连的金属原子所形成的，无机非金属材料是由共价键相连的非金属原子形成的。不同于金属和无机非金属两类材料均是由原子直接通过化学键而形成的固体材料，有机材料则由有机分子通过分子间力所形成的。有机分子是由共价键相连的碳、氢、氧、氮等原子所形成。鉴于共价键的方向性和饱和性，有机分子只能以有限分子量的方式独立存在，成为原子水平之上的最小物质单位——分子。聚合物只是一种分子量较大的、具有一些特性的有机分子。

分子量大的特点造就出一种有趣的现象，同样的化学组成，不同分子量的聚合物会表现出不同的性质。例如，上百分子量的聚乙烯为石蜡，上万分子量的聚乙烯就变为日常生活中最廉价的塑料，而上百万的超高分子量聚乙烯则可以用来制作防弹衣。而从化学角度来看，三者均是脂肪族链，只是长度不同。

在长链结构的条件下，聚合物的化学性质并不等同于构成它的小分子的化学性质，而具有一些特殊效应。例如，长链上相邻基团之间的化学反应会加快或减弱邻位基团效应等。认识了这些不同于小分子化学性质的聚合物新性质，各种含有不同化学结构和功能基团的功能聚合物发展极为迅速，已经成为聚合物基础研究领域的重要分支。

就单一有机聚合物材料而言，大多数聚合物仅含碳、氢、氧等轻元素。所以，相比金属和无机非金属两种材料，有机聚合物材料具有较小的比重，是一种质轻的材料，可以广泛用于物品包装和轻质物件的制作。

常用的有机聚合物材料包括塑料、橡胶、纤维、黏合剂和涂料五类。在室温下为塑料的聚合物，软化温度多在200 ℃以下，成型加工所需的能量较低，是成为廉价材料的原因之一。而且，一条长链聚合物本质上是一个分子，可以分散在溶剂中而保持聚合物固有长链结构。这一特性使得聚合物材料可以通过对聚合物溶液进一步加工来制备各种材料。例如，溶液涂覆制膜、湿法纺丝、溶液喷涂等。

构成聚合物的原子多为碳、氢、氧、氮等轻原子，易于与环境相互作用，直接导致有机聚合物材料的耐老化性远不如金属和无机非金属材料。从"老化"的意义上讲，"白色污染"绝非源于聚合物本身，而是在于使用和管理。君不见，历经成百上千年仍然不"老化"的金属材料（青铜器）和无机非金属材料（瓷器）均是宝贝，还不是因为"物以稀为贵"？实际上，将聚合物经过特殊处理，也会提高材料的耐老化性质，甚至得到极端条件下可以使用的材料。例如，碳纤维材料等。

有机聚合物材料是有别于金属和无机非金属材料的一类具有显著特点的新材料，为社会开拓出许多以此新材料为基础的应用。必须指出的是，随着科学技术的发展，不同材料领域的交叉发展已经成为获得新材料的重要途径。例如，将聚合物的可人工分子剪裁性质与玻璃光纤的波导性质相结合，即可获得聚合物–玻璃复合光纤材料。类似例子极为丰富，各种复合材料中大多都有聚合物的身影，充分体现出聚合物在新材料中的地位。

聚合物材料的发展历史还不到二百年，相应的有机聚合物材料已经广泛应用到人们生活的各个方面。放眼望去，日常生活中的衣、食、住、行都已经离不开它们。从科学发展角度看，在短短不到百年的学科形成过程中，聚合物科学已经成为一门新兴学科，内容包括聚合物化学、聚合物物理、聚合物合成工艺和聚合物加工等。目前，聚合物学科正在努力与各种学科进行交流、融合，形成一些具有交叉特点的新研究领域。光子学聚合物就是在这样一种背景下产生的一个新型交叉研究领域，目标直指一类新型材料和器件，内容涵盖与光子相关的信息、能源和生命等领域的诸多方面。

2 光子学——光和聚合物

自 20 世纪 60 年代以来，以光的量子化为基础的光子学开始进入突飞猛进的发展时期。这一飞跃得以启动的原因在于激光技术和光纤技术的诞生，以及建立在这些技术之上的光纤通信带来的互联网络的产生和普及，全然改变了人类的生活，使得人类社会开始进入信息化社会。

——摘自《光子学聚合物》前言首页

光是人类对外部世界的最早感知。无论是整个人类，还是一个具体的个体，都是如此。在这个人类感知的起始点上，没有东、西方文化的差异，从各个民族的早期历史中都能够找到对光的崇拜。前几年在四川举办的一次高分子学术年会上，主办方送给发言人的礼品是 2001 年成都金沙遗址出土的一张"四鸟绕日金饰"金箔仿制品。金饰中心图案很像一个喷射出 12 道光芒的太阳，外层的 4 只飞鸟极似神话传说中的"负日金乌"。整个图像与太阳神崇拜有关。这个文物被鉴定为商代晚期作品，说明中华民族早期对太阳光的崇拜。

在上小学期间，老师们就常常布置一些课外活动，帮助我们了解光。例如，使用放大镜对着太阳，再聚焦到一小片纸上，很快，纸就会在光照下燃烧起来；在发生日食的时候，会拿一块涂有墨汁的玻璃观察太阳，切实了解日食过程；等等。这些看似简单的课外活动，切实在我幼小的心灵中破除了光的神秘，增长了有关光的知识。

无知的人盲目崇拜，有识的人则会用心琢磨。回忆起来，我对光的琢磨始于一次大学期间的卧谈。当时的大学条件还很差，一间不到 20 m² 的房间安排有 7 位同学居住。挤是挤了点，晚上睡觉前的"卧谈"则成了必修课。

记得一次关灯后，一位同学突然问起一个问题：我们都知道关灯前床的颜色。关了灯以后，床是什么颜色？有同学回答说，床还是那个床，颜色怎么会变呢？我睁眼看了一下说："床是黑色的，不信你看一下。"辩来辩去，也没有辩论明白，大家就都睡去了。究竟床在关灯后是什么颜色？对这个问题我真的去查了一下，这才发现，物体的颜色还真不是一个简单的问题。就床而言，是一种由"被动反光"体现出来的颜色。也就是说，它的颜色取决于周围的光环境。当环境光线照射在床上时，床体（包括材质和涂料）会吸收部分环境光，而没有吸收的光被床体反射出来成为人们看到的颜色。

普遍而言，物体的颜色来源可以归为三类：一是反射（包括散射）；二是透射；三是发射（荧光和磷光）。通常情况下，物体的颜色为第一类，是物体吸收太阳光后又反射出来的补色，即除去被吸收部分的剩余太阳光颜色。具体到某一确定的时间和空间，物体颜色取决于两者：一是物体（所具有的有吸收光的能级），二是环境光（所具有的波长范围）。就床的颜色而言，床是客观存在的，开灯时，床有颜色，关灯时，没有了环境光，则床没有颜色。正如在漆黑的夜晚，没有环境光，看什么东西都没有颜色区别。

中国历史上首先研究光的人物是墨子。他是最早提出小孔成像的人。据《墨经》记载："影倒，在午有端。"即是说：光线相交穿越隔屏小孔，在屏幕上形成一个倒影。这一文字对小孔成像做出了精彩论述。中国之外，最早研究光的是伊拉克物理学家伊本·海赛姆（Ibn al-Haytham，965—1040）。海赛姆是一位首推科学方法的人，被视为"第一位科学家"。1015年，海赛姆将他的科学方法与他的"视觉理论"集合成《光学》（共7卷）出版，其中系统地描述了当时人们对"光"和"像"的认识。随后人类对光的研究进入一个大爆发阶段，逐渐形成了两大学派：以《惠更斯光论》为代表的波动学说和以《牛顿光学》为代表的粒子学说。前者认为光是波，后者认为光是粒子。两种学派的争论，至今不休，尽管今日"光是粒子"的内涵与牛顿的光粒子概念已经完全不同。

1905年，爱因斯坦提出光波不是连续的，具有粒子性，并称之为光量子。这一概念表明了一种观点：光是分立的能量。能量的量子化概念则出现在较早一点，完全是为了解释"黑体辐射"问题。

黑体是一种假设的理想物体，这种物体能够向外辐射能量，并且不会有任何的反射与透射。这样一个理想化物体的辐射只是温度的函数，不受其他因素影响。在一定温度下，辐射光谱会有一最大辐射能量值，较短和较长波长处的能量都较低。大多数不透光的物体都具有这种向外辐射能量的性质。日常生活中看到一个被加热的物体会有颜色，而且颜色还会随着温度的变化而变化，就是这样一种黑体性质的实际例子。就是这样一种常见的物理现象，当时的理论却无法解释：按照已有的能量均分理论，在紫外区域，黑体辐射的能量趋于无限大。这显然与观察到的实验辐射曲线不符。这一理论结果与实验观察不符的情况困扰了整个物理界，称其为"紫外灾变"，一直无法解决。

直到一次偶然的数学处理，事情才发生了改变。物理学家普朗克在1900年给出的辐射能量表达式中引入一个因子，首次将能量进行了分立处理。这样的一个数学处理，使得理论上的能量分布与黑体辐射光谱获得了一致性，解决了"紫外灾变"问题。

能量是分立而不是连续的观点一直是一个有争议的问题。就是给出分立因子（现已成为现代量子力学中的基本常数——普朗克常数）的普朗克自己也不能确定，在《热辐射理论》的专著中，他平淡无奇地解释说量子化公式中的普朗克常数只是一个适用于赫兹振荡器的普通常数。

真正从理论上提出光量子的第一人是于1905年成功解释光电效应的爱因斯坦，他假设电磁波本身就带有量子化的能量，携带这些量子化的能量的最小单位叫光量子。1924年，印度物理学家萨特延德拉·纳特·玻色发展了光子的统计力学，在理论上推导了普朗克定律的表达式。1926年，美国化学家刘易斯把这一名词改称为"光子"，并沿用至今。

与牛顿的光微粒学说不同，光子概念是20世纪初才出现的新概念。至今，光的波粒二象性仍是尚未被完全认识清楚的问题。一个例子就是，2012年在《自然·光子学》上发表了最新实验结果：在实验上同时观测到光的粒子性和波动性。这里的

"同时"将探明光究竟是粒子还是波的努力推进了一步。

从光学发展的历史来看，光学经历了几何光学、电磁光学和波动光学，目前正在进入量子光学，或称光子学的新阶段。正在快速发展的量子通信和量子计算研究，主要内容涉及光量子。光子学中常将光量子简称为光子。

我最初接触光子学，是参加以"聚合物光子学"为主题的香山科学会议。作为聚合物专业人士，光学方面的知识停留在本科阶段学过的光学课程。通过这次会议，我才开始了解到光学和光子学既类似，又有区别。总体上，从光学发展历史的角度来看，光子学是光学的一个发展新阶段。光子的性质只是在一些特定情况下需要考虑，比如光吸收和光发射。我所在的光子学聚合物实验室的研究对象是光纤放大器的研究工作，主要涉及光的吸收和发射，相关研究就限定在了光子学范围。实际上，很多情况下，特别是在无损耗光学器件的设计时，光学中的几何光学描述更为直观，也经常为人们使用。

从上述简单事实陈述可以归纳得到：光学到光子学的升级发生在光与物质相互作用的时候。如果仅考虑无损耗相互作用，使用几何光学即可。但是，一旦考虑到物质对光的吸收，或其他对光有损耗的相互作用，就无法摆脱光的量子特性。光量子概念，或者说光子学就不可避免地会出现。

在材料领域，与光学相关的工作是光学材料研究，很少进一步发展到光学器件研究。研究中常把目标材料称为光化学材料和光物理材料，为进一步应用这些材料奠定了材料基础。随着光学器件对光学材料的依赖性的不断提高，相关材料研究的内容越来越接近开发各种光通信、光传感和光转换器件。这时会发现已有研究内容已不能完全覆盖所涉及的光学现象，必须从单纯的材料研究向光学器件研究拓展，发展新的知识，进行深度交叉融合研究。这种背景下，包括光学材料和光学器件的科学研究与光子学研究交叉形成的新领域——光子学材料，就自然而然地产生了。

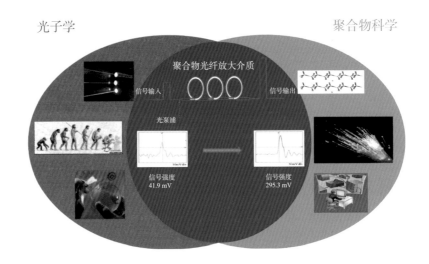

伴随着从最初感受光的明亮和温暖到今天享有光纤铺就的信息化社会的发展历程，人类已经由远古对光的崇拜进化到了今天要驾驭光的愿景。光子学与聚合物科学交叉所产生的光子学聚合物就是实现驾驭光的基础材料之一。图中所示的两个学科交叉区域给出的光纤放大器研究，就是光子学聚合物研究领域的典型例子。自 2004 年发表"聚合物光纤放大性质研究"的工作以来（Optics Letters, 2004, 29（5）:477-479），光子学聚合物实验室在特种光纤、聚合物−玻璃复合光纤、聚合物光纤传感器和聚合物信息存储材料等方面都取得了进展，形成了一个新兴交叉研究领域。

光子学材料最初主要集中在无机非金属材料，如玻璃材料，随后扩展至三大材料之一的聚合物材料。随即，产生了一个新的研究领域：光子学聚合物。光子学聚合物的研究目标不仅仅是聚合物材料，还对包括驾驭光的聚合物器件。与器件相关的光子学聚合物材料研究是这一方面研究的基础。在此之上，还要进行包括光子学聚合物器件的设计、制造和性质研究。只有完成了这些工作，才能够通过器件来人为地驾驭光，帮助人类在光的应用方面实现自由。

驾驭光是现代光学在新世纪到来时提出的目标。这样一个目标将光与物质的相互作用放到了灯塔位置，引导着光子学材料的前行。

在新世纪，最为人们憧憬的就是信息化社会。信息化社会与光之间的关系取决于一个事实：光的信息承载量要远远高于电子的信息承载量。

在使用电作为信息载体的时代，人们通常会看到众多的电话线平行排列地架在电线杆上的现象。在这样的电话线时代，实际生活中能够感受到的是：在打长途电话时，经常会遇到"串线"，即有其他人的通话进入你的耳机。这是相邻电话线之间的电信号相互感应的结果。随着光纤通信的出现，这种情况再也没有出现过。在光纤通信系统，一根微米粗细光纤传输的信息量相当于成千上万根具有类似尺寸的电话线传输的信息量，而且各光线之间完全没有干扰。即使是在打越洋电话，听起来如同与隔壁房间在通话。二十多年来，以前奢望的视屏通话已经成为平民百姓习以为常的通信方法；无线支付正在逐渐改变原有的当面现金支付；新的电商模式正在冲击着原有的商业模式；如此等等。所有这些变化都预示着一个新的时代正在到来，而这个时代的基石之一就是信息材料。从材料发展的历史来看，从石器时代，到青铜器时代、硅基材料时代，再到聚合物材料时代，直到今天的信息化材料时代，社会的发展正按照人们的愿景，在充满希望的道路上不断前进。为满足未来信息化社会的需求，必不可少的信息材料和器件已成为科学技术领域的前沿，相关研究和产业化十分活跃。

伴随着信息化社会的到来，人类活动的效率空前提高。一部手机在手，不管你在什么地方，几个按键就能找到你；电话会议软件，可以随时随地召开各种全球会议，实现远程办公；医疗网络，即使在几千公里以外，也可以指导复杂手术的进行；等等，不胜枚举。所有这些，皆源于光子学及其材料和器件引入了日常生活。新的科学技术使得社会生活的方方面面都在放大，包括上述的正面，也包括令人咋舌的贫富差别在短时间内就能形成的负面。人类社会正在进入前所未有的大变局。

在迎接新世纪到来之际，每一个专业领域都在思考一个问题：下个世纪我们将会如何做？1998 年美国国家研究理事会发表了《驾驭光：21 世界的光科学与工程》。上海应用物理中心的同事们随即组织翻译，并由上海科学技术文献出版社于 2000 年出版。该报告指出：下一个世纪将是信息化时代，而光作为最佳信息载体将是发展的核心。相应地，光学领域方面的使命是"驾驭光"。

光与物质相互作用这座灯塔将如何指引其他学科，为社会发展提供正向推动力，成为不同学科与光子学交叉时主要考虑的问题。例如，信息化社会的高效率发展，使得人类对能量的需求加大，现有的化石能源已不能满足。为了社会的可持续发展，不得不把目光放在用之不竭的太阳能上。为了提高太阳能的利用效率，一种新的光子学材料和器件——波导太阳能收集器正在出现，满足人们对太阳能日益增长的需求。这是信息领域应用以外，光子学材料在能源领域的应用实例。类似的光子学材料与其他学科的交叉应用不断出现，彰显着灯塔的引领作用正在上升。

3 折射率——驾驭光的驭手

　　在将聚合物应用于各种光子器件之前，需要在认识清楚聚合物三个层次结构与光相互作用的基础上，充分了解这一波长尺度的器件结构与光的相互作用。为了涵盖这样一种器件结构与光相互作用的丰富内容，光子学聚合物应运而生，形成了以聚合物多层次结构（包括波导结构在内）与光相互作用为基础研究内容的、面向未来社会发展所需光子学器件的交叉研究领域。表征这一相互作用的本征量是物质的折射率，包括光与物质的弹性相互作用和非弹性相互作用。物质折射率的研究可追溯到牛顿的棱镜试验。光学和材料科学的新发展表明：折射率涵盖的材料各层次结构与性质的关系仍然充满很多未知规律；同时，运用折射率与材料结构之间的科学规律来设计和制备新材料和新器件也是人类面临的巨大挑战。

—— 摘自《光子学聚合物》前言首页

　　中学时代，当使用透镜聚焦太阳光，以及透过涂墨玻璃观看日食的时候，我们就已经得到了光折射的帮助。要了解光折射是如何实施帮助的，乃至于发展到"驾驭光"的地步，还要从折射率的概念谈起。

折射率是物质的基本属性，是由物质的成分和组成所决定的。换言之，构成物质的各种分子、原子种类以及它们各自的含量决定了物质的折射率。从光学角度来定义，折射率是光在真空中的传播速度与光在物质中的传播速度的比值。由于光在真空中的传播速度最快，折射率的数值通常大于1。

折射率的概念是清晰的，其具体数值与物质的成分和组成紧密相关。相关的程度可以用这样一个事实来说明：通过将不同原子的折射率进行简单的加和，即可获得由这些原子所构成分子的折射率，乃至获得由这些分子形成的均质材料的折射率。每一种均质材料都有唯一的折射率数值。当两种均质材料放在一起，形成界面，则会出现一个新的问题：光在这个界面会发生什么？

通常，折射率小的材料称为光疏介质，而折射率大的材料称为光密介质。由折射率的含义知道，光在不同介质中的传播速度是不同的，造成在不同介质的界面处光会发生反射和折射。光在界面处的反射和折射程度是由材料折射率的具体数值决定的。以反射为例，速度小（光密介质中）的光不易进入光疏介质，反射程度大，在一定条件下会发生全反射。相反，速度大（光疏介质中）的光则能够很容易进入光密介质，折射程度大。在各种复杂界面情况下，折射率就像一位驭手一样驾驶着光在物质中穿行，完全不是在均质材料中只能直线传播的形象。驾驭光的目标就是这样提出来的。

这样的目标与光是直线传播的原理并不矛盾。这主要取决于材料的界面设计。例如，特定结构的光纤能够使光曲线传播。

光纤并不是简单的、均匀介质构成的普通纤维丝。从光纤的断面上看，光纤的物理结构基本分为两层：中间为光密介质，常称为芯层；外面包裹芯层的是一种光疏介质，常称为包层。当光照射进入芯层时，依据进入纤芯层的角度，满足全反射条件的光会发生全反射，再返回纤芯。如此反复进行全反射，光就会在纤芯内向前传输。当光纤弯曲时，由于角度的改变，部分传输光会进入包层，大多数还是会继续沿着光纤传输，完成了光纤的曲线传输。当然，这种"曲线传输"同时伴随着部分无法避免的损失，常称之为光纤的弯曲损耗。

除了"弯曲损耗"以外，在光纤的制造过程中还会遇到材料方面存在的纯度损耗和通信方面的带宽损耗等。降低光纤的各种损耗是光纤用于光通信之前最主要的困难。被称为"光纤之父"的华人科学家——高锟，在理论上提出光纤可以用于信息传输之后，曾经奔走于多个公司希望能够真正做出用于通信的光纤，大多都没有解决这个损耗问题。首当其冲的是玻璃的纯度。只有达到一定的纯度，玻璃光纤才能够用于光纤通信。

这种材料上的困难最终被制作厨具起家的康宁公司所解决。20世纪60年代后期，各个企业都在努力寻找新的产品，以应对已有产品日益显现的市场饱和现象。康宁公司的一位科学家在英国伦敦一家实验室访问，看到了实验室介绍的光纤通信项目。由于康宁公司在玻璃制造方面已有经验（玻璃餐具、电视显示屏等产品），这位科学家回到公司，向高层建议公司安排人员进行研制。经过三年多的努力，终于在1970年完成了世界上第一根可用于光纤通信的光纤。由此，一个改变历史进程的产品诞生了——光纤通信网络。在整个光纤制造过程中，最引人注目的是化学气相沉积技术。这一技术后来成为制备纯净材料的普遍方法。还是在做本科毕业论文的时候（1982 年），在邻近实验室，同做毕业论文的一位同学就是使用这种技术制备无机纯净材料。记忆中，他曾经一星期睡在实验室里，就是为了保证气相沉积实验的顺利进行。从中也可以看到，采用气相沉积技术是一个多么耗时的工作。毕竟由气相到固相，物质的密度要增加很多。同时，只有使得气体分子像降落伞一样慢慢地落下来，排列紧密，才能得到材质纯净的固体材料。

伴随着光纤的发明以及互联网的发展，人们对这一领域的相关知识重新审视起来，以期发现更多的新知识，为拓展和深化光的应用领域寻找新的动力。这种"审视"不是简单地搞清楚已有的知识，而是在全面掌握已有知识基础上，"脑洞大开"地创造知识。一个有趣的例子是光子晶体的提出。

之所以说这个例子有趣，是因为相关知识被引入了高考试题。在 2015 年安徽高考的语文试卷中，作文题中的提示这样写道：

……科研人员特地设计了一个有趣的实验，让同学们亲手操作扫描式电子显微镜，观察蝴蝶的翅膀。

通过这台可以看清纳米尺度物体三维结构的显微镜，同学们惊奇地发现：原本色彩斑斓的蝴蝶翅膀竟然失去了色彩，显现出奇妙的凹凸不平的结构。

原来，蝴蝶的翅膀本是无色的，只是因为具有特殊的微观结构，才会在光线的照射下呈现出缤纷的色彩……

在已见到的答卷中，尚未见到有同学提到这一现象涉及的新知识：光子晶体。表面原因是作文的提示中没有出现"光子晶体"的说法，使用了更便于中学生能够理解的"特殊微观结构"。可能出题者只是想了解同学们对事物的表象和实质关系方面的思考，并不强调科学的新进展。

然而，进了科学研究领域，所有工作都离不开科学的前沿。这样一个蝴蝶翅膀颜色的问题，涉及的基本概念就是光子晶体。

晶体是物质（具体可为原子或者分子）的三维有序排列。这已是普通的生活常识。我们吃的食盐就是一种晶体。然而，是否有人想到过：如果三维有序的排列不是原子，也不是分子，而是折射率，所形成的物质会有怎样的性质？

还是在 20 世纪 80 年代后期，光纤诞生引领的光学、光子学热正在出现，一些科学家就提出这样一种材料的理论模型。这种材料的折射率是三维有序的，在材料内部会形成特有的能带结构。能带与能带之间出现带隙。当光遇到这种材料时，能量处在带隙内的光子，不能进入，会被反射出来。这个带隙结构与折射率的数值、同一折射率所在的空间大小以及不同折射率所在空间的距离等因素相关。高考作文的提示中提到使用扫描电子显微镜观察蝴蝶翅膀，看到的表面形貌类似于二维光子晶体结构，正好满足反射不同波长可见光的条件，使得人的眼睛能够看到五彩缤纷的蝴蝶翅膀。

那么有人会问：撇开蝴蝶翅膀表面类似于二维光子晶体的作用之外，蝴蝶翅膀本身究竟是否有颜色呢？这个问题还真不好回答。扫描电子显微镜，顾名思义，它的"光源"是电子束，不是可见光。扫描电子显微镜的成像原理是：电子束与样品之间发生相互作用，从样品中会激发出二次电子。将各个方向发射的二次电子汇集起来，转变成光信号，再使光信号转变成电信号。电信号经视频放大器放大后进入显像管的栅极，调制显像管的亮度。这样形成的图像只是电子束在被观测物不同位置处产生的二次电子强度的差别，不会产生人眼可见的彩色可见光图像。

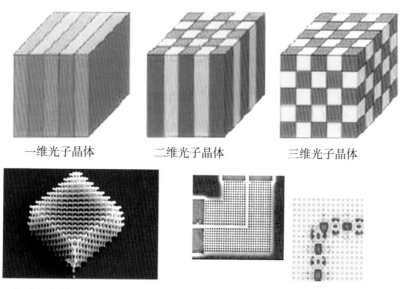

一维光子晶体　　　　二维光子晶体　　　　三维光子晶体

实验室所做的光子晶体照片　文献报道的二维光子晶体中光线的直角传播

　上部为光子晶体的理论模型。我们实验室采用双光子技术制作的三维光子晶体照片（左下部）和文献报道的光子在光子晶体中完成的直角传播（右下部）。

　光学显微镜可以看到真实的光学彩色图像，只是它的分辨率会受到可见光的衍射极限影响，分辨率只能达到光波长的一半。例如，以 400 nm 的可见光作为光源，其图像的分辨率大于 200 nm。这样的光学观察限制，极大地激发了人们对观看更小尺寸物体方法的探索。久远一点说，有扫描电子显微镜和透射电子显微镜；近几十年来，扫描隧道显微镜、原子力显微镜、扫描探针显微镜等，都在这一目标下得到了快速发展。2014 年诺贝尔物理学奖所颁的"超高分辨率荧光显微镜"技术，更是充分利用了"驾驭光"的策略，是建立超出衍射极限的可见光成像方法的范例。

在驾驭光方面的"脑洞大开"的事例中，还有更为人们惊叹的"左手材料"概念，与之对应的材料则称为"超材料"。为什么这么说呢？这要从传统的光学理论谈起。

在光的电磁波理论中，光是横波，在垂直于传播方向上存在着电场和磁场。电场方向、磁场方向和光的传播方向的关系符合右手定则，即当右手的大拇指方向指向光的传播方向时，其余四指的握拳方向是光的电场方向转向磁场方向，三个方向互相垂直。在近代发展起来的光子学中，光子被看作是电磁场量子化之后的结果。光子在传输过程中，其电场和磁场的方向仍然满足右手定则。长期以来，右手定则被认为是物质世界的常规，是物理学中不可动摇的基本规律。相应地，自然界中存在的材料全都是右手材料，即光在其中传播时均符合"右手定则"。

事情在 20 世纪 60 年代发生了变化。苏联的物理学家提出了大胆的假设：如果人们能够制造折射率为负值的材料，那么"右手定则"将被推翻，取而代之的是电场方向、磁场方向和电磁波的传播方向构成左手螺旋关系，即当左手的大拇指方向指向光的传播方向时，其余四指的握拳方向是光的电场方向转向磁场方向，三个方向互相垂直。相应地，这种负折射率材料被称为左手材料。这个"脑洞大开"的假设使得原本看似天经地义的"右手定则"遭遇颠覆性的挑战。遗憾的是，自然界中并未发现这类材料。目前，各种人为构建这种"超（自然）材料"的工作正在全世界的实验室里进行，正在成为"驾驭光"战略中需要突破的前沿工作。

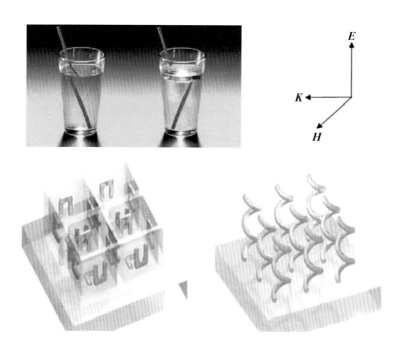

如果水具有负折射率，我们看到的吸管插入水中的折射将不会是上部图中左边杯子显示的情况，而是右边杯子显示的情况。电磁波在水中的传输将符合图上部的右边坐标所指示的左手定则：K 是左手大拇指所指方向，其余四指的握拳方向是光的电场方向（E）转向磁场方向（H）。可惜水具有正折射率，是自然界天然存在的。不过，理论模型已经给出了如图下半部分所示的左手材料微观结构。如果能够人工制作出具有这种微观结构的材料来，将会获得这种神奇的超材料。值得指出的是：这种结构的尺寸直接与电磁波的波长相关。理论模型已经给出了如图下半部所示的左手材料微观结构。如果能够人工制作出具有这种微观结构的材料来，将会获得这种神奇的超材料。值得指出的是：这种结构的尺寸直接与电磁波的波长相关。也就是说，要想获得在可见光中具有负折射率的超材料，图中所示的微观结构尺寸要处于太阳光波长范围，即 400~700 nm。

依据负折射率对光的控制原理，大面积的"超材料"具有隐身功能，即光线会绕过附着有超材料织物的物体，继续按照原来的照射方向直线传播，仿佛这个物体不存在一样。可喜的是，小面积的"超材料"已经制造出来，不仅证明"脑洞大开"的假设是成立的，也为大面积制备这种"超材料"带来了希望。

与其他各种隐身材料不同，这种负折射率的隐身材料是通过改变光的传输方向而实现隐身功能的。一旦大面积制备完成，能够广泛用作衣服面料，成为真正的隐身衣，在各种光线条件下都能实现隐身。难点在于这种需要人工设计出来的材料需要波长尺度的微结构构筑。首先完成的实验是在微波领域，获得了对微波的驾驭。当微结构接近可见光尺度（400~700 nm）时，制造就很困难了，大面积地将这种微结构有序地组装起来就更为困难。虽然现在各种理论设计已经提出，大面积制备仍然是有待解决的技术难题。

值得赞扬的是"脑洞大开"的假设。能够做出这样的假设绝不是一时的头脑发热，这需要良好的数理基础。首先，要对物理理论有全然的把握，对于已经存在的"右手定则"有着清晰的认识；其次，要有敢于怀疑已有理论的勇气，敢于对前人的工作说不；最后，作为理论工作者，要有良好的数学素养，能够将定性的叙述转变为定量的数学描述。只有这样，才能获得理论界的认可。虽然，这个新的物理规律还需要应用化学和材料学将其制备出来，用实验证明这个规律的正确性，理论上的先行一步是具有开创性的意义。结合现实情况，显然这个"先行一步"更为重要。要实现这样的"先行一步"多多出现，青年学生首先要有很好的数理基础。在具体科学实验工作中，发现很多学生畏惧数学，看见很长的数学公式就不知所以，对于数学语言完全无法理解。这样的现象在学习化学和材料学的学生中尤为明显，成为"偏科"学习的典型表现。此现象不除，想做出创造性的工作还有很长的路要走。

4 数学——双刃剑

本书的相关内容……过于定性描述，缺少使用严格的数学
工具对光与聚合物相互作用进行定量描述……

—— 摘自《光子学聚合物》前言次页

在几十年的研究生教学生涯中，每逢到国庆小长假期间，我总是在期盼着一件事情的发生，那就是当年诺贝尔自然科学奖的宣布。迅速了解和学习公布奖项的相关知识，并用于假期后的"光子学聚合物"课程的教学中，已经成为我多年来的教学习惯。

每当为获得新的知识感到兴奋时，一个难以让人忽略的事实总会显现在脑海中：在诺贝尔奖设立当初，没有考虑设置诺贝尔数学奖。设奖决定的细节并不了解，但是，其结果造成了数学更为强调学科内的科学问题，与自然科学渐行渐远，一反设奖前数学与自然科学密不可分的近代科学发展历史。另一方面，数学是这样的完美，这样的具有普适性，以至于人们普遍将自然科学中各个学科与数学相结合的程度看成是各学科成熟度的度量。例如，与数学密不可分的物理学是最成熟的学科，而

结合程度不高的生物学则被认为还处于缺少普遍规律的探索阶段。这种数学与自然科学之间关系的现状给我们提出了一个有趣的问题：相伴于自然科学，数学是一个怎样的存在？

在逻辑自洽和系统推理的坚实基础上，数学已成为一个独立、完整的学科。现实情况是：数学的这种独立性很少得到深入思考，也常将数学归类于科学。就是在这样的背景下，数学既超然于自然科学之外，又在自然科学发展中发挥巨大作用，帮助人类探索未知世界。

"独立、完整"，很大意义上是说：数学是在逻辑上能够完美自洽的，是认知世界的典范。抛开自身的发展和完善，就数学与其他学科之间的关系而言，数学像是一种完美的语言，描述着人类认识的客观世界，同时又完成了对所认识客观世界的逻辑检验。

数学的完美很容易吸引年轻的学子对它投入兴趣。上初中时，班主任是数学教师，无形中增加了学习数学的时间，给自己打下了很好的数学基础。高中时，则遇到了终身难忘的数学老师。他是一位二级教师。对于当时二级教师的具体标准并不了解，可是在他的课堂上，每次上课就像听相声一样，他总能给课堂带来欢声笑语。记得在讲极限概念时，他让一位同学走上讲台，站定的位置被设为极限位置，然后自己向学生走去。每走一步，就说自己向极限接近了一步，直到与学生碰到一起。这时，他提问，是否到达极限了呢？回答是：没有。只要老师和学生没有重叠，这个极限就尚未达到，只是无限趋近。只要学生不移动，学生与老师这两个实体永远不会重叠，也就是说极限永远不能达到，只能无限接近。这就是极限的含义。整个课堂，随着他和学生的表演以及他生动、诙谐的语言，充满欢声笑语，至今难忘。

2012 年 11 月初，为了激发人们对科学的兴趣，伦敦街头立起了展示薛定谔方程的广告牌。极具重要性而普通人又了解甚少的薛定谔方程是使用简洁数学语言的典范：用一个简单的数学方程表述清楚了光与物质相互作用。1926 年，薛定谔提出的这一数学方程导致了一系列的重要应用，包括太阳能电池、全球定位系统、电子显微镜和光纤系统等。

对数学的喜欢由此开始。然而，随着学习的深入，在不断惊叹数学的完美之时还发现：只有在刻苦努力的数学学习中才能体会到数学自身的严谨性。就理工科学生和从事自然科学研究的人来说，数学证明过程中的艰辛，只有在回忆大学期间完成数学证明题作业时才会深有体会。

在我们中学时期，数学和物理、化学是被看为一体的。当时就有"学好数理化，走遍天下都不怕"一说。实际上，数学与自然科学的差别也是显而易见。例如，数学从几条公理出发，通过严格的推理论证后，才能得到一条新的定律；而在物理、化学等自然学科中，探索未知规律的常用方法是实验，即通过实验证明某个事物，只要实验是可重复的，即被认为是发现了一个新的事物或规律。

学科的差别确定了数学在自然科学研究中的特殊作用。自然科学研究偏重实验，只在必要时引入相关数学模型，显示相关结果的逻辑性和普遍性。对于开天辟地的重大理论发现，仅有数学描述是行不通的。只有得到实验证明，数学的描述才会被学术界接纳。例如，中国古代早就有了认识："一尺之锤，日取一半，万世不竭"。语出《庄子·天下》的这句话的意思是：一尺长的棍棒，每日截取它的一半，永远也截取不完。这句话就是用数学语言来表述物质是无限可分的。要用这样一个完全正确的认识来代替现代的粒子物理研究，物理学则感到不屑。他们认为，只有在实验上找出更小的粒子，才能确证现有的粒子是可分的，同时帮助认识粒子的更精细结构，等等。

另一方面，数学表达和描述具有独特的逻辑自洽和量化精准的性质。这一鲜明的特性，吸引了一批自然科学研究者进入纯理论研究，形成了理论物理、理论化学等众多数学与自然科学交叉的分支学科。在取得显著成果，给自然科学带来极大促进的背景下，这些纯理论的研究也派生出一些超现实研究：研究对象是虚拟的时空，检验标准是逻辑的自洽，衍生出很多超现实的概念。例如，时下在科普中常遇到的多维时空、时空弯曲和时空穿梭等。总之，数学在自身不断深入发展的同时，不断进入其他学科，创造着丰富多彩的虚拟世界，影响着人类认知。

在上述背景下，还应该看到：数学语言并不是每一位从事自然科学研究的人员都能够读懂的。很多情况下，严格的数学描述只能出现在理论物理或理论化学著述之中。对于大多数自然科学专著来说，如果仅用数学语言，不仅写起来困难（有时甚至是不可能），而且读者读起来也困难。实际这样操作起来，不仅不能推动科学的普及，而且相反，会使得大多数读者远离自然科学。大多数自然科学的学术专著只能恰当地引入一些数学模型，使得语言更简洁，意义更普遍，在保证专业读者看懂的基础上，获得更深入学习知识的途径。

无论如何，在我眼中，数学的完美是无限的。任何新的完美结果一出现，就会成为数学上的王冠，"引无数英雄竞折腰"，成为普罗大众眼中的神。然而，这种神一样的结果来到人间，回到众多相关学科中，这种完美必须让位给现实。在中学的数学学习中，每当解一元二次方程时，总会根据生活常识，或物理、化学、生物等学科的已有规律，从两个解中取一个合理的解。原因在于数学的底层逻辑是"正正得正，负负也得正"的二次方运算法则。这一法则已成为数学中为人熟知的运算规律。然而，这样一个自洽的数学计算规律，在实际问题中却遇到了困难。在解题时，老师总是强调要结合实际情况舍去一个无用解。因为从数学角度，二次方总会得到两个不同的解，而现实中总是接受符合实际情况的、唯一的答案。由此可见，世界上任何事物都有两面性。数学所具有的这种不确定性有可能从正反两方面影响着自然科学，面对自然科学呈现出"双刃剑"性质。

另外，在使用数学这种完美工具时，还要格外小心。因为使用一个超然的数字工具，一不小心就会带来错误。流传很广的一个故事：小明向爸爸借了 500 元钱，向妈妈借了 500 元钱，然后他去买了一双鞋，花掉了 970 元钱，自己还剩下 30 块钱，他还了 10 元钱给爸爸，又还了 10 元钱给妈妈，自己还剩下 10 元钱。如此算来，他欠着妈妈 490 元，欠着爸爸 490 元，但是 490+490+10=990 元，但他当时记得自己向爸爸妈妈一共借了 1000 元钱，问题来了，还有 10 元钱哪里去了呢？在这个故事中，仅从数学角度看，没有问题。可是买鞋的钱和欠人的钱是两回事，也就是说：买鞋的钱和欠人的钱所使用的数字具有不同的应用场合，即具有不同的"单位"。上述算式中，数字后没有注明"单位"，同时，由于不同数字的"单位"不同，仅仅用数字进行加减运算是不符合实际的，得到的结果也是错误的。单位一致性是客观物理性质的量纲一致性在主观计算中的反映，而且，量纲一致性检查已成为物理和工程技术计算中常用的判断方法。由此可见，数学仅靠逻辑上的自洽，脱离实际（表现为没有单位的数字），离开其他学科的帮助也很难落地。

当然，作为一种特别严谨和逻辑自洽的语言，数学被用作叙述科学的工具是再合理不过的了。正如前面所言，人们普遍认为，哪一个学科使用数学的程度越高，这个学科就越成熟。例如，无论是相对论，还是弱相互作用中的宇称非守恒，这些理论物理中的标志性成就都离不开数学的帮助。同时，还要认识到：这些理论之所以得到科学界的广泛承认，还是在实验上得到验证以后。例如，只是在实验结果确切地证实了在弱相互作用中，宇称的确是不守恒之后，"弱相互作用中的宇称非守恒"的理论结果才得到普遍承认。

　　人类对客观世界的认识总是不完美的，这个过程还在不断取得进步。也就是说，人类所看到的世界是现实的、阶段性的，距离一个完美的认识还差得很远。建立在公理基础上的数学可以不考虑客观世界，基于实验观察的自然科学则不能这样。尽管数学与自然科学一样，都在寻找运转整个世界的统一规律，上述的差别是区分数学与其他自然科学的根本所在。由于自然科学很多时候要借用数学语言来描述实验结果，需要注意不恰当地使用数学工具会使得数学成为自然科学的"双刃剑"：一面指引自然科学朝正确方向发展，另一面可能误导自然科学走向歧途。好在自然科学工作中已经注意到了这一点，诺贝尔奖没有设立数学奖是一个很好的例证。

　　在实际的科学研究工作中，相对成熟的规律会使用数学语言来表达。例如，在《光子学聚合物》一书中，使用 J-F 理论来分析新材料的发射光谱，探索光谱背后的材料结构信息，等等。同时，也会使用数学建立数学模型，使得实验结果更具有普适性，例如，界面凝胶聚合中的分子扩散模型，太阳能收集器的波导损耗模型，等等。所有这些都显示出数学，特别是建立在数学与光子学交叉领域的数学模型，已经成为光子学聚合物材料发展中必不可少的工具，帮助光子学聚合物这一新兴的交叉学科奠定坚实的基础。

5 光纤——信息社会的材料基础

> 光在光纤中传输的基本原理可以追溯到光在弯曲水柱中的传输现象……光纤通常由光密介质（纤芯，折射率为 n_1）和光疏介质（包层，折射率为 n_2）构成。进入光纤的光线在纤芯和包层两种介质的界面处发生全反射，造成光被束缚在光纤内，沿着光纤方向传输。
>
> ——摘自《光子学聚合物》第 13 页

"时光一去永不回，往事只能回味"。每当看到"光纤"二字，回想起自己认识光纤的最初时光，耳边就会响起这两句歌词。在体味时光荏苒的同时，这两个字还将我带入如何启动聚合物光纤研究的回忆之中。

故事还要从 20 世纪 80 年代说起。我从 1978 年春开始进入大学学习，到 1988 年春博士毕业，整整学习十年。当年博士毕业，发表论文并不是必要条件，而是需要在毕业论文的评语上有一句：能够独立从事相关领域的科学研究工作。有了这样的评语，不仅可以毕业，也给每一位准备从事科学研究的毕业生可以进行独立科学研究的资格。临近毕业时间，研究所的领导

（当时我是在中国科学院化学所读的博士学位）召集即将毕业的同学座谈，了解大家毕业后的打算。每当一位同学回答出要准备开展的研究内容时，领导就告知他已经有人从事这方面的研究了，现在再提出这样的研究内容已经没有意义。按照当时学术上不成文的规则，每一位博士毕业后不可以在导师的研究课题上继续深入研究，需要另开辟新的研究领域。面对领导的回答，即将毕业的同学一片悲观，同时也将"毕业后准备做什么"这个问题存储在脑子里，不断地寻求答案。

认识光纤还是 20 世纪 90 年代初的事情。当时，我博士毕业已经回到母校教书。按照学校规定，刚毕业的博士生是不可以给本科生上课的，只能结合自己的科研经历，给研究生讲授专业课。记得我给研究生开的第一门课是"特种高分子"（选修课）。其中有一章内容是关于"塑料光纤"的。这是我第一次接触到"光纤"这个词，以前我根本没有学习过这方面的内容，更没有这方面的科研经历。给学生一碗水，自己就要有一桶水。课程大纲的规定又不能改变，没有办法，只能现学现"卖"。

与研究工作相关知识的学习不同于对已有知识的学习。在刚刚读博士，第一次见导师的时候，导师的两种做法让我认识到了这个不同，以及如何获取与研究工作相关知识，使我终身受益。第一种做法涉及研究课题的选择，与学习相关领域的前沿知识有关。老师一方面充分尊重学生，给了三个课题进行自主选择；另一方面则负责讲解，把每一个课题的来龙去脉讲清楚，进行一对一的教学，帮助学生做出最终决定。第二种做法是在选择好研究课题以后，老师带我到图书馆转了一圈，介绍完图书馆各种功能后，告诉我：图书馆是比他好的老师。多年以后，我才从经验中体会到：只有在图书馆，才能获得海量的科学知识和最前沿的科研动态。在图书馆，除了大量阅读相关专著以外，一种快速获得新的科学知识的方法就是检索目前这方面的科研动态，找出相关文献后再进行深入学习。

要获得与"光纤"相关知识的快速方法就是去图书馆查阅每周出版一期的《化学文摘》和《物理文摘》，将与关键词"光纤"相关的文献检索出来。不查不知道，一查才发现，与"光纤"这个关键词相关的内容还真不少。仔细看下来，进一步发现均是有关稀土掺杂光纤方面的内容，阅读相关文献后才知道，这样多的科学研究工作起因于这样一个社会需求——光纤放大器。

自从高锟先生提出的光纤通信设想得到实现以后，长距离光纤传输却碰到了一个瓶颈问题。光纤是由纯净的玻璃制成的，损耗虽小，长距离传输后仍然会衰减到无法继续传输的程度，需要将传输信号放大，再进入下一步的传输。当时光传输是一个新生事物，没有将光信号直接放大的技术。只能先将光信号转变为电信号，通过成熟的电信号放大技术将信号放大，再将电信号转变为光信号进入下一步传输。这就是当时"中继站"的功能。在长距离的光纤传输线路上，每隔50 km就需要有这样一座中继站。这一状态不仅是麻烦，更重要的是：通过这样的电放大中继站，仿佛在光纤传输的高速公路上（传输带宽大），每隔50 km就会有一段电信号传输的羊肠小道（传输带宽小），极大地限制了光纤传输的优势。可以说，不解决这一问题，以光纤为基础的信息高速公路就无法推广应用。为此，光纤放大器成为所有相关实验室的努力目标，而光纤放大器的基础材料就是稀土掺杂玻璃光纤。

在当时的光纤通信发展阶段，光纤放大器使用的基础材料均是玻璃光纤，没有检索到有关聚合物光纤的内容。这一点使我意识到可能存在一个尚未得以研究的前沿分支。现在回想起来，当时还是有点坐井观天了，不像今天有发达的网络，当时，要追溯早期的研究工作完全靠检索文摘。每周一期的各种文摘，内容异常丰富，完全靠检索是不可能完成完整追溯工作的。要了解一项研究的起始，只有靠研究工作的积累。现在，网络已经改变了这一状况。已知的稀土掺杂聚合物光纤的工作可以追溯到 20 世纪 70 年代末，有一篇论文报道了稀土掺杂聚合物光纤的荧光性质。

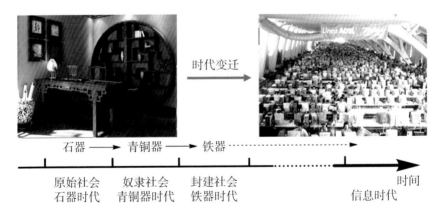

现在，图书馆已不再是以前书斋式的图书馆。伴随着信息化社会的到来，学习的方式也在改变。今天查阅文献已经不要去图书馆，任何有网络的地方，都可以上网进行查阅。但是基本原则不变，"关键词"仍然是查找资料的最佳入门途径。

　　无知者无畏。在没有追溯到相关工作后，很快我就想到应该还没有人做过稀土掺杂聚合物光纤放大器的相关研究。产生这样的想法，首先是因为工作后，时刻没有忘记毕业时面临的问题：还有什么工作是前人没有做过的？另一方面，之所以这样想，也是有工作基础的。回到学校后，在没有提出新的科研课题前，我先加入一个课题组开展含稀土聚合物材料方面的研究。这类材料在发光和防辐射方面都有应用，研究课题也是一项得到国家自然科学基金资助的科研项目。

　　发现和思考的碰撞就在这样的教学过程中发生了。尽管教学工作和科研工作的偏重性争论时有发生：有观点认为大学应该偏重科研，这是开创知识；也有观点认为大学应该偏重教学，重在知识传承。在市场经济的今天，这种争论当然避不开利益，各种观点就无所谓正确与否，只在于社会对大学的评价标准。就我个人的经历来看，教学与科研是相辅相成的。特别是在研究型大学中，每一位教师都会对这种"相辅相成"的感受深有感触。这一碰撞更加使我坚信"两者相辅相成，不可偏废"是对这一偏重性争论的最好结论。

　　这一碰撞使我产生了开展稀土掺杂聚合物光纤工作的想法。在科学研究领域，常有一个好的想法比任何工作都重要的说法。我也对自己在教学中发现了这样一个科研契机感到紧迫感。全世界聪明的脑袋都在寻找这样的契机，不抓紧时间，契机可能瞬息丢失。

　　按理说，有了好的想法，去做就行了。计划起具体工作来，却发现事情并不是如此简单。作为研究材料的实验室，还真没有条件开展光纤方面的研究。在材料实验室，有制备材料的条件，有表征材料的条件，却不会有光纤性质研究的条件。遗憾之余，我将上述故事作为素材，给上课的研究生讲了交叉领域的产生，以及进行交叉研究的困难，以启发研究生的创造性思维。没想到学生中竟然有物理系的学生来听课，随即在课上发言说他们系就有专门研究光纤放大器的实验室。归结于科大开展基础研究的良好氛围，我就直接访问了这个实验室，得到了鼓励，从而产生了合作开展稀土掺杂聚合物光纤研究的意向，最终形成了《光子学聚合物》专著中相关章节的主要研究内容。

在工作初期，作为一名初涉光纤领域的研究者，在大量的光纤研究工作面前，还只能集中精力关注稀土掺杂光纤材料，对于光纤知识的来龙去脉还来不及了解。第一次听说用于通信的光纤是中国人所发明的是在 1999 年的新年。当时，我正在日本东京工业大学做访问学者。日本东京工业大学有一个传统：在新年来到之际，召集所有来东京工业大学做访问学者的外国学者聚餐。餐会上校长会作为主人给大家讲一个故事。在 1999 那一年，讲的就是光纤发明人高锟的故事。我清楚地记得故事开头是这样说的："世界各国都认为我们日本人没有创造性，多是模仿其他国家的高科技，我们也深感如此。所以我今天要讲一位发明家的故事，以表达我们对这种说法的反省。"随后，他就详细地介绍了高锟作为光纤之父如何发明光纤的故事。

光纤的带宽究竟有多大？这张照片就很能说明问题。一根光纤的信息传输量相当于直径比人还高的电缆的信息传输量。从传输速率角度来看，电子通信中信息速率被限定在 Gb/s 量级，使用光子作为信息载体，信息速率能够达到每秒几十、几百个 Gb，甚至几个、几十个 Tb。

我是中国人，祖籍在南京。从小就从父辈那里得知日本人在南京，乃至全中国的罪恶行径。长大后，更是对于日本至今不认错感到愤怒。也是在日本做访问学者期间，《自然》杂志曾发表文章，提到中国南京大学在论文发表上走到全国前列。当日本教授读到这篇文章时，曾向我求证南京大学是否在南京，又问南京的地理位置在哪里，我就着中国地图告诉他南京的地理位置，并直言不讳地说："你作为一个日本人，应该知道南京这座城市！"我看到教授的脸突然变红了，一时无话可说。这次听到日本东京工业大学校长主动讲起高锟先生的故事，又非常客观地谈起世界对日本的看法。这两件事，使我认识到，日本的底层百姓对于自己民族所做的事情是完全清楚的。在拒不认罪的同时，又具有很清醒的自省精神。这种矛盾心理可能是岛国这样一个特殊地理环境造成的吧。这种民族性格，如同日常生活中的人的个性一样，没有大的内、外推动力，固有个性改起来很难。

无论如何，这是我第一次知道高锟先生的工作，为他作为中华民族的一员所取得的成绩感到骄傲。随后，我就有意寻找有关光纤的科普书籍，帮助了解整个光纤领域，特别是聚合物光纤领域的相关背景。

聚合物光纤的出现并不奇怪。因为聚合物中本身就包括一种被称为有机玻璃的材料。理论上，只要模仿玻璃光纤，相应的产品和性能都会相伴而生。有机玻璃已经如同无机玻璃一样，早就被人们普遍接受，在飞机座舱、博物馆展台，乃至日常佩戴的眼镜，都有它们替代无机玻璃产品的应用。可是，我们知道，无机玻璃走到光纤这一步的关键是玻璃的纯度。没有康宁公司的三年奋斗，是不会产生用于信息传输的玻璃光纤的。正是在这一点上，有机玻璃的制造，特别是聚合物光纤的制造遇到了困难。目前唯一工业化的聚合物光纤由日本三菱化纤生产，损耗指标低于 150 dB/km。其中主要因素就是聚合物的纯度。

在 20 世纪 90 年代中期，光纤放大器商业化以后，光纤通信迅速发展成为如今的信息网络，使得全世界已经紧密相连，形成了一个命运与共的地球村。这样的社会发展当然会促进光纤产业的迅速发展，并很快在本世纪初就出现产品过剩，给传输用光纤产业带来了过剩危机。

面对过剩危机的唯一法宝就是创造新产品，开辟新市场。在传输用光纤市场饱和后，各种特殊用途的光纤应运而生。例如，用于压力和温度传感的光纤光栅材料和器件；用于在偏振光传输过程中偏振保持的保偏光纤；等等。在这一方面，聚合物光纤发展得更快。这主要是聚合物能够在分子水平进行化学结构剪裁，最终控制聚合物材料的多层次结构，从而获得丰富多彩的化学、物理性质。

在光信号传输方面，新的光纤品种包括使用多次拉伸技术制备的单模聚合物光纤，使用氟聚合物制备的低损耗光纤，以及使用界面凝胶聚合方法制备的单模聚合物光纤，等等。在功能光纤方面，各种具有特殊性质和功能的聚合物光纤也不断涌现：通过设计特异波导结构完成的光子晶体光纤和瓣状光纤，都是能够完成单模传输的特种光纤；使用专用染料制成的各种布拉格光栅光纤和长周期光栅光纤；使用聚合物与玻璃光纤复合制成的复合光纤；等等。所有这些新型光纤，包括由玻璃光纤、聚合物光纤和聚合物－玻璃复合光纤，都是丰富互联网功能所需要的材料和器件。有些已经得到应用，例如，光纤光栅材料和器件制作的震动检测系统，含氟聚合物制作的光纤传输系统，聚合物光纤制作的数据传输线束和汽车总线，等等，有些正在从实验室走向市场，即将成为未来经济发展的新增长点。

21世纪初，在香港举行的一次聚合物光纤国际学术会议上，高锟先生作为名誉主席出席会议。作为玻璃光纤的发明人，高锟先生特别注重聚合物光纤这个新的研发领域。他认为聚合物材料具有自己的特点，由聚合物制备的聚合物光纤具有独特的大芯径、强柔顺性和容易制作的特点，能够实现特殊场合对光纤的独特要求。同时，聚合物又能够实现分子剪裁，制备出具有新材料和新器件特点的光纤材料和器件。这些观点在近二十年的聚合物光纤发展中得到了充分验证。近几年来，聚合物材料可以分子水平裁剪的特点和玻璃光纤的低损耗特点相结合，进一步发展出聚合物－玻璃复合光纤，将光纤波导的特点充分地发挥和应用，给未来信息化社会奠定更为坚实的材料基础。

6 双光子聚合
——聚合反应遇到光子学

  ……光子晶体在未来集成光路中可能成为不可替代的材料。

  从材料科学角度，如何构筑这样一种自然界没有的、介电性质周期分布的人工材料是一种对人类智慧和技术的挑战。目前构筑这样一种材料的基本方法可以分为两类：一类是自下而上的方法，即是先制备小的具有一定介电常数的单元材料，例如微球，再将这类单元逐步堆积而成大尺寸的可用材料；另一类是自上而下，即制备出活性的大尺寸材料，然后通过特殊技术，例如双光子聚合，在材料中形成介电性质呈周期分布的结构。

—— 摘自《光子学聚合物》第 15 页

  光量子的提出源于黑体辐射研究。使用分离能量分布函数描述黑体辐射能量分布时，会消除所谓的"紫外灾变"，即会得到与实验结果一致的能量分布。爱因斯坦的光电效应实验进一步从实验上证明了这样的能量分布确实存在，光量子概念才被接受。随后，围绕光的量子化理论和实验，逐步发展成为光子学。

自从光的量子化概念建立以来，以此概念为基础的光子学迅速发展起来，并且带动了其他学科的发展。就拿化学来说，光照能够引起和加快化学反应早已是人所共知的事情。早在19世纪中期，聚氯乙烯的生产就是通过太阳光照射氯乙烯来完成的。当时的聚氯乙烯工厂生产全靠天气，天晴上班，天阴就休息。直到20世纪30年代，人们才开始使用光作为引发剂来控制这一类的自由基聚合反应。主要原因在于通过光子概念，人们认识到了光与化学反应之间的关系，建立了光化学第一性定律：光化学反应的发生取决于反应物先要吸收光。

光的吸收又取决于物质所具有的能级。无论处于什么状态，物质的化学结构决定了它所具有的确定能级。当遇到与这些固有能级的能量相配的光，也就是说，光子能量与固有能级之间的能极差相同，物质就可以吸收光，使得物质处于具有较高能量的激发态，对化学反应起到引发作用。光子概念发展到今天，每一位做光化学反应的人都知道这样的光化学过程，光化学第一性定律已经成为是否能进行光化学反应的必要条件。只要其他充分条件满足，光化学反应就会在人为操控下顺利进行。

光的量子化概念就这样走进了化学领域，在极大地促进了光化学发展的同时，也给人们带来了一套固定思维：只要光子的能量与物质能级匹配，就会有吸收发生，使物质处于激发态，从而发生相应的化学反应。事情真是这样吗？在没有接触双光子聚合以前，我是没有任何疑义的，并且这样的"固定思维"给我接受双光子聚合的新知识带来了很大的困惑。

第一次接触到双光子聚合概念还是在日本东京工业大学做访问学者期间。在一次小型学术研讨会上，听到首先做出双光子聚合的美国科学家的报告。报告介绍了使用光化学方法刻写出了三维的立体牛。简单说，就是光照使得光照部分发生聚合，不能溶解；而没有光照的地方没有发生聚合，可以溶解。这样情况下，先光照，再放入溶剂中溶解没有聚合的部分，就可以得到三维的立体牛。

本来以为就是一个光化学反应，细想一下，却感到无法理解：三维牛的造型使得三维牛的各肢体之间存在很多空间，而光是直线传播的，光照下怎样才能避开这些区域，使得这些部分不发生聚合呢？带着这个问题，会后又仔细地阅读了原文。这才发现，这里的光照与通常的光照不一样，使用的光源是激光光源。

20世纪60年代发明的激光光源也是源自于光子概念的新技术、新器件。与普通光源不同之处在于这种光源非常纯，也就是激光峰的半峰宽范围很窄，能够精确到纳米以下。另一特点就是光强很大，焦点处的光强可以用于切割钢板。将这样的光照射在具有能级的物质上，很容易想象其能够很容易地将物质激发到激发态上。如果是寻常光源，这样的激发态就会进行化学反应等类似的过程，使光子的能量消耗掉。但是，一旦使用强度足够大的激光，前一个光子还来不及进行消耗能量，又会碰撞到下一个光子，使得原有的光子的能量翻倍。如若物质在翻倍后光子能量处有相应的能级，则会吸收两个光子能量，从而被激发到具有双倍能量的激发态。这一过程称为双光子吸收。这里强调"强度足够大"的含义是指一般条件下的激光并不能产生双光子吸收，需要强激光才能完成双光子吸收。这就给"驾驭光"带来了一个契机：仔细控制激光强度，使得在激光束的焦点处的强度满足双光子吸收的强度要求，离开焦点处则不能。这样控制的结果是：即使一束光照射过来，光线路径上的物质并不会被激发，只有焦点处才能够被激发。这样驾驭下的激光就可以逐点扫描，在焦点处进行双光子聚合，完成三维牛这样的三维物体的制作。按照这一方法，我们实验室曾采取双光子吸收技术制备出了微米尺度的立体物体和三维周期结构。实际上，聚合用的单体通常并不具有吸收双光子的能力，通常是要专门合成双光子吸收助剂作为光引发剂，掺杂进入聚合体系。在吸收了双光子能量后，再将能量转移到单体产生单体激发态，最后完成双光子聚合。

　　双光子吸收是光子学理论中一个强光与物质相互作用的概念。使用光的单光子能量与物质的吸收能级并不匹配，所以没有单光子吸收。当物质的能级是单光子能量的两倍，且光强达到一定强度的激光进入物质时，前、后两个光子的能量叠加，能量倍增，又与物质的能级相配，将不能进行的单光子吸收变为可以完成的双光子吸收，从而引出随后的各种激发态反应。类似的过程还包括三光子、四光子吸收等多光子吸收过程。只是发生条件苛刻，效益较低，还没有广泛应用到聚合反应等化学过程。

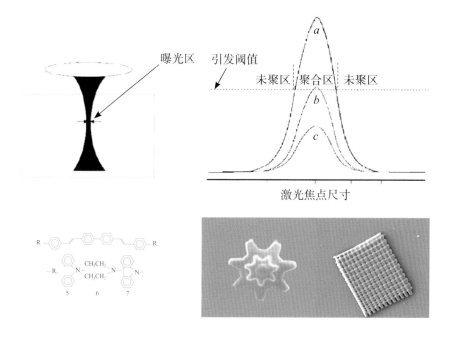

使用双光子技术完成三维加工的过程中，经过聚焦后的激光束光斑的光强呈高斯分布，如图中左上部所示。当激光束光斑的光强最大值低于双光子引发的聚合阈值时，无双光子聚合反应发生，如右上部曲线图中的曲线 c 覆盖区域；当激光束光斑的光强最大值远高于双光子引发的聚合阈值时，双光子聚合反应发生，但聚合点空间尺寸较大，如曲线 a 覆盖区域；只有光斑光强的最大值调节到略高于双光子引发的聚合阈值时，理论上可以得到极小的空间聚合点，如曲线 b 所覆盖的很小聚合区域。由此可见，双光子聚合技术可以突破在远场光学中衍射极限对分辨率的限制，从而很容易达到亚微米的分辨率。聚合所用的单体通常不具备双光子吸收能力，需要合成能够完成双光子吸收的小分子助剂，再掺杂到聚合体系中来完成双光子吸收。左下图是我们实验室合成的双光子吸收助剂的分子结构式。右下图是由掺杂小分子双光子吸收剂的聚合体系，通过双光子聚合技术制备的微米尺度立体物体和三维周期结构的电子显微镜照片。

通常情况下，物质与光的相互作用是一种线性作用。与此不同，双光子吸收，乃至多光子吸收均是非线性过程。也就是说，物质吸收率并不是随着光强增加而线性增加的，其中一个显著的特性是：在光强达到一定阈值时，吸收才会表现为多光子吸收。另一方面，吸收过程不仅与光强相关，还与物质能级相关。例如，在双光子吸收过程中，物质由基态跃迁至激发态，两种状态之间的能极差与双光子的能量一致，对应单光子能量的能级可以看成为两种状态间存在一个虚能级。双光子聚合利用了双光子吸收过程的穿透性好、空间选择性高的特点，在三维微加工、高密度光储存及生物医疗领域有着巨大的应用前景。例如，我们实验室的光子晶体制备就常采用这种方法。

光子晶体的制备通常有两种战略：一是由小到大的增长战略。通常先制备符合要求的小球，然后组装成为宏观光子晶体。二是由大到小的消除战略。即从宏观物体出发，使用三维扫描技术将需要的部分固化，然后通过溶解方法将没有固化部分除去，得到宏观光子晶体。在我们实验室的具体实施中，常发现前一技术相对较困难，常常很难得到均匀的光子晶体；后者则可以通过控制光源，进行计算机操控下的三维扫描，可以得到均匀的光子晶体。两种技术的一个共同不足在于都不能获得大尺寸的光子晶体。同时，要得到能够驾驭光的光子晶体还需要解决两个方面的问题。一是材料问题。光子晶体是折射率的三维有序分布。所用材料的折射率是光子晶体的本征参数。选择折射率适合的材料，同时又要满足制备光子晶体过程的需要，是一个困难的选择过程。目前多数光子晶体是选择空气作为一种材料和另一种固体材料共同形成光子晶体。空气被选择为一种材料是没有办法的办法，只是因为方便制作，对于折射率的控制则是不利的。二是光的驾驭问题。要使得光子晶体成为驾驭光的工具，要在光子晶体中开出光的通道，借助光子晶体的禁带作用，使得光在通道指引下完成光的曲线传输。

一次到美国波士顿参加学术会议，我住在麻省理工的一位学生的宿舍。当学生安排好我的住宿后，告诉我说他晚上就不回来了，要在实验室过夜。我听后大吃一惊，感觉是否是我的到来影响了他的作息时间。赶忙询问后才得知，他是要连夜赶一份工作计划书，第二天导师就要。我顺口问道：你在做什么，这么着急？他告诉我说在做光子晶体，主要目标就是在光子晶体中开出一条光通道。好在我也熟悉相关背景，知道这一工作的难度。讨论一会，就随他去了。事后回到国内，事情多，很快就忘记了这一小插曲。直到五年后，才在学术杂志上看到他发表的研究论文。由此可见，完成这样一个工作是多么困难。

无论如何，光子晶体能够驾驭光三维地传输，而不是仅仅是一维地直线传输。在今后的光子芯片发展中必然不可或缺。在使用光取代电作为信息载体的优势下，在信息化社会不可避免到来的前提下，这方面的前沿探索是必要的，整个人类都期待着这一领域的突破。

7 有机聚合物材料
——从聚合物科学到聚合物学科

材料是具有使用价值的物质。除了大自然提供的原材料以外，人造材料（人工制备技术）主要包括金属材料（冶炼）、无机非金属材料（煅烧）和有机聚合物材料（化学合成）。

—— 摘自《光子学聚合物》第 16 页

作为一类具有超大分子量的巨型分子，一百多年以来，聚合物从化学出发，迅速成为生活上须臾不可缺少的新材料，最终形成了一门新兴的聚合物学科，使得有机聚合物材料与金属材料和无机非金属材料并列，统称为三大材料。细想这一过程中的一些具体内容，可以窥见材料学科建立过程中的一些新规律。

材料是人类用于制造物品、器件，或其他产品的有用物质。简言之，材料是可用的物质。从这一简单的定义可以看出材料的两个要素：一是"可用"，二是"物质"。前者涉及人的主观选择，后者则涉及客观存在。不要小看这两个要素（人和物），在材料的发展历史中，出于需要，人类不断地、有选择地将物质变为材料；在新材料产生的同时，自身又成为可供选用的新物质。如此反复，不断地产生新材料，将人类社会从石器时代一直推送到现在的合成材料时代。

在这样一个浩瀚的发展历史中，究竟是哪一个要素在推动材料发展？又抑或是两种因素共同推动材料发展？如此等等问题，很少有人问及，却成为讲述本故事的起因。这是因为在"历史清白"的聚合物材料发展进程中，这样的故事清晰可见，有案可稽。

不同材料出现的时间点历来被看成人类进步的里程碑。从人类原始社会开始，社会就按照材料发展进程分为：石器时代、青铜器时代、钢铁时代，直到今天的合成材料时代。在材料文明的建立过程中，每一种材料不仅满足了社会需求，同时还伴生出丰富的科学技术文化。

材料的历史是一个累进的过程。最初的材料是粗糙的、低质量的，只有经过很长时间的演变才能成为我们今天所看到的金属、陶瓷、玻璃等精细的、高质量的材料。这个发展过程无不归功于科学的新发现和技术上的精益求精。科学探索和技术进步最终形成了材料学科的丰富内容，汇聚成人们对材料发展规律的认识。另一方面，无论从材料的品类上还是相关物品的制作上，先出现的科学技术都对后来的科学技术起到基础性作用。这种作用隐藏在从生产材料到使用材料制作物品的每一个细节之中，成为发展新材料不可或缺的经验因素，极大丰富着材料学科的内容。无法否认，寻找这些过程中的细节和规律是回答上述问题的根本所在。

遗憾的是，在已经过去的材料时代，无论是石器时代，还是青铜器、钢铁时代，在最初时期，这些材料的发现和应用远远早于文字的出现和应用。结果，关于这些材料是如何产生的历史文献缺失，具体细节和过程已经无据可考。幸运的是，合成材料中的主角——有机聚合物材料，出现在19世纪中叶。历史发展到这个时间，不仅文字已能很方便地被使用，相关科学方法和实验技术也基本完善，使我们后来者能够很清晰地了解一个材料体系的产生、发展的细节。

如果将金属材料（如各种金属、合金）的冶炼、无机非金属材料（如陶瓷、玻璃）烧结都看成是一种化学合成的话，现代合成材料包括金属材料、无机非金属材料和有机聚合物三大种类。它们之间的区别仅在于在合成过程中所形成的化学键不同。当不同配料放入化学反应器（如金属的冶炼炉、无机非金属的煅烧炉和有机聚合物的合成反应器）进行化学反应时，金属材料中形成的是金属键，有机聚合物材料中形成的是共价键，无机非金属材料形成的是多种化学键的混合体，包括离子键、金属键和共价键。这些化学键的区别在于共价键具有方向性和饱和性，而其他化学键则没有。导致的结果是，聚合物具有长链结构，而其他两类材料则是类似原子紧密堆积的网络结构。

聚合物的长链结构是20世纪30年代才提出的新概念。在更早一些的时间，19世纪中叶，当时的聚合物还是人们在化学反应器的器壁上观察到的一点黏黏糊糊的东西，成为科学家好奇心所关心的对象。从已有的文字记载（手写的实验记录）可知，在1839年，德国药剂师西蒙在抽提香料时发现：

在抽提瓶的瓶壁上可以看到白色的、黏黏糊糊的不溶物。经过成分分析（当时最先进的化学分析技术）得知其化学组成与苯乙烯的组成一致。苯乙烯是一种液体（室温下），显然与这种室温下为半固态、不溶解物质分属不同物质种类，即两种化合物是不同的物质。在那个时候，还没有聚合物概念，只能暂时称这种新物质为类苯乙烯，并将这一实验观察放了下来。

这一故事的重要性不仅在于发生的时间较早，还在于它被记载在实验记录上。况且，当时还对样品进行了成分分析。当时的实验条件没法帮助人们认识清楚这一类物质的结构，也就无法确认所发现的物质是否为一种新物质。

实际上，这也不是人类第一次面对这种黏黏糊糊的物质了。1492年，在中美洲和南美洲，当地居民就已开始利用具有弹性和隔水性的天然橡胶。在使用这种天然橡胶的时候发现：温度低时，它会变脆；温度高时，又会变黏，使用起来很不方便。聪明人模仿已有的材料改性方法，加入很多种类的化学试剂进行掺杂，都无法改变天然橡胶的这种性质。经过多年的试验，又是在1839年，美国人固特异发现：与硫磺共热后，天然橡胶的弹性大大增加，也不再受热发黏，从而改善了天然橡胶的使用性能。到19世纪中叶，相关的橡胶工业已开始形成，广泛用于生产胶布、胶鞋、胶管、胶板及一些日用品等，完成了从物质到材料的转变。

与发现类苯乙烯的认识过程相比，硫化橡胶技术帮助天然橡胶完成了从物质到材料的转变。相比两个故事情节可以看出：生活的实际需要远比科学的驱动要有力得多。逻辑上推算起来，还是最原始的物质（故事中的天然橡胶）的自然属性推动了天然橡胶发展成为材料。人的主观作用是巨大的，但是，从整个发展过程看，人的主观作用却不是起点，而是助力。令人不可预料的是，随后发生的事情颠覆了这一观点。

1868 年，一种新的材料问世：纤维素的部分羟基被硝化后会得到焦木素。焦木素溶于乙醇和乙醚的混合物，再加入樟脑等蒸发后会得到一种物质，它受热后变软，冷却后变硬，这种物质被称为"赛璐珞"。重要的是：这种与原始材料（纤维素）性质完全不同的新材料是在实验室中人为完成的。1869 年，美国人海厄特利用"赛璐珞"制出了廉价台球。从此，赛璐珞被用来制造各种物品，从儿童玩具到衬衫领子，从电影胶片到军事中的火药，很多产品都有赛璐珞的身影。更值得关注的是：从石器时代到钢铁时代一直秉承的由物质到材料的发展规律被打破了。这一产品开启了人们主观地通过精准化学合成技术，从已有材料制备新材料的创造过程。从纤维素到各种赛璐珞产品的生产过程可以看出，伴随着新材料的诞生，人的主观因素在加强。发展新材料不需要再紧盯着原始资源，而可以从已有材料入手了。这是人类历史的一大转折点。你看，下面马上就有跟进了！1872 年，德国化学家拜尔首先合成了酚醛树脂；1907 年，比利时裔美国人贝克兰提出了酚醛树脂加热固化法，使酚醛树脂实现工业化生产；1910 年，德国柏林建成世界第一家合成酚醛树脂的工厂，开创了人类合成材料的纪元。

现在知道，酚醛树脂是由甲醛和苯酚合成得到的一种聚合物。它的结构是由共价键连接的，碳、氧原子构成的三维网状结构。这种结构保证酚醛树脂具有与其他材料的相容性，以及自身的尺寸稳定性和性质稳定性，广泛应用于各种电绝缘场合，正好匹配 20 世纪的电气化世纪的到来。

在 19 世纪的下半叶，类似的故事还有很多。原来认为黏黏糊糊的无用物质转变为能够合成出来的新材料，不仅极大地满足了社会发展需要，也引起了一批有机合成化学家的注意。一位从事有机化学研究的科学家施陶丁格，就是其中的杰出代表。1917 年，在一次瑞士化学会上，针对已经出现的新物质和新材料，施陶丁格第一次提出了它们具有长链大分子的结构，随即引起很大的争论：多数都不同意这一观点，认为是小分子胶体结构。经过多年的实验研究，直到 1932 年，在多年的聚甲醛研究工作基础上，施陶丁格再次在学术会议上提出自己的长链大分子结构，"共价键相连的长链结构"概念才得到普遍承认。伴随着这次会议，聚合物材料才从众多种类的材料中脱颖而出，并伴生出一个新兴的、前沿的、充满未知的研究领域——聚合物研究。

这一步有多重要，看看随后出现的各种聚合物材料产品就知道了：聚醋酸乙烯酯（1925 年）、聚甲基丙烯酸甲酯（1928 年）、聚氯乙烯（1931 年）、聚酰胺（1935 年）、脂肪族聚酰胺（尼龙）（1938 年）、低密度聚乙烯（1939 年）等，这些产品的原料不再是原始资源（天然橡胶或纤维素），而是类似于苯酚和甲醛，全是有机小分子。这是"共价键相连的长链大分子"概念带来的制造材料新理念，即使用小分子单体通过聚合反应工程来制备材料。新理念的实现，始于最为普通的生活需求，中间得到对事情清晰认知的帮助，最终到达一种源于新认知的广阔天地——创造更能满足生活需求的新材料。

聚合物材料的初期发展就获得了爆炸性生产的材料新品种，完美展现了"由已有小分子单体制作新材料"理念，并成为获得新材料的规律性认识。在获得新材料的狂欢中，人们没有忘记用"清晰认知"来完成新型聚合物材料的科学家们。1952 年的诺贝尔化学奖颁给了首次提出聚合物链状结构的化学家赫尔曼·施陶丁格。给他的颁奖语写到：

他证明了小分子形成的长链结构聚合物是通过化学结合而生成的，而不是简单地物理聚集；探讨了构成网状结构聚合物的条件；还确定了聚合物黏度与其分子量之间的关系。这些成就对开发塑料具有重大意义。

这一次颁奖显示着一个新的学科——聚合物学科的到来。回顾一个世纪的经历：从原始物质到材料，再从已有小分子到聚合物，最后迎来有机聚合物材料的大爆发。从中可以体会到：在材料的创造、发展征程上，已经出现一条新的途径。按照这一途径，新材料的产生不仅仅源于矿产资源，也可以源于已有材料。对已有材料进行进一步人工合成或人为改造，可以获得满足生产、生活需要的新材料。进行人工合成或者人为改造的材料可以是专门原料，也可以是其他行业的废料，最终形成一个闭环的、绿色的生产、应用材料的新途径。在探索这一途径的路程中，已经有太多的人为此奉献出了自己的才华和毕生精力。让我们这些后来者，高举起他们的旗帜，沿着他们开创的新途径，继续前进吧！

1895 年，诺贝尔立嘱将其遗产的大部分（约 920 万美元）作为基金，将每年所得利息分为五份，设立诺贝尔奖，分为物理学奖、化学奖、生理学或医学奖、文学奖及和平奖五种奖金（1969 年瑞典银行增设经济学奖），授予世界各国在这些领域对人类做出重大贡献的人。

赫尔曼·施陶丁格（1881—1965）获得1953 年诺贝尔化学奖

卡尔·齐格勒 居里奥·纳塔（1898—1973）（1903—1979）获得 1963 年诺贝尔化学奖

保罗·约翰·弗洛里（1910—1985）获得1974 年诺贝尔化学奖

罗伯特·布鲁斯·梅里菲儿德（1921—2006）获得 1984 年诺贝尔化学奖

皮埃尔·吉勒·德热纳（1932—2007）获得 1991年诺贝尔物理学奖

艾伦·杰伊·黑格（1936—）

艾伦·格雷厄姆·麦克德尔米德（1927—2007）

白川英树1936

获得 2000 年诺贝尔化学奖

在众多的全球科学奖项中，诺贝尔奖为什么会独享盛誉，突显出自身价值？原以为诺贝尔奖的奖金最高，实际上并非如此。带着这个问题，仔细回顾了本专业领域诺贝尔奖的历年奖项，才发现诺贝尔奖的高声誉是有着内在原因的。

聚合物学科是一门年轻的学科，在短短百年时间成为与金属材料学科和非金属材料学科并驾齐驱的一门新材料学科，其中有着关键的几个节点。聚合物相关诺贝尔奖项则完全反映出这些有着确切记载，得到公认的发展节点。

第一个关键节点是聚合物概念的提出，这是 20 世纪初由施陶丁格提出的，由此施陶丁格获得了 1953 年的诺贝尔化学奖。

第二个关键节点是聚乙烯和聚丙烯的出现。较早的聚乙烯生产是在高压条件下聚合的，很容易出现事故。如果不是二次世界大战的军需，也不会冒险生产聚乙烯。齐格勒提出低压条件下生产聚乙烯，以及随后在齐格勒实验做过访问学者的意大利学者纳塔在类似条件下生产的聚丙烯，完全改变了高压生产聚烯烃的状态，使得很难获得的这类产品得到极大普及，甚至发展到"白色污染"的程度，充分体现出这类产品的巨大生命力。齐格勒和纳塔也因此获得了 1963 年的诺贝尔化学奖。

将聚合物从材料科学发展成为一门学科的功劳则属于善于理论处理聚合物体系中各种化学、物理过程的弗洛里。他对聚合物的贡献使得他无可争议地获得了 1974 年诺贝尔化学奖。至此，聚合物可以说是功成名就，基本上已经成为一门独立的学科。从此以后，聚合物学科的发展走向了交叉和应用。

随后获得诺贝尔化学奖的科学家是梅里菲尔德，他将聚合技术用于合成生物大分子。在计算机的帮助下，可以准确控制聚合物结构，从而给生物合成提出了一条新路。这一成就使梅里菲尔德获得了 1984 年的诺贝尔化学奖。

1991 年的诺贝尔物理学奖则颁给了理论物理学家德热纳。这个奖项似乎与聚合物学科没有关系。实际上，德热纳的理论工作是以聚合物和有序体系为对象的，聚合物学科和物理学科都认为它的工作对自己的领域贡献巨大，促进了学科发展。

2000 年的诺贝尔奖则颁给了对导电聚合物具有突出贡献的三位科学家：艾伦·杰伊·黑格、艾伦·格雷厄姆·麦克德尔米德和白川英树。这是在聚合物学科发展到一定阶段后，对于聚合物的相关技术性工作给予奖励，也符合近年来诺贝尔奖项的颁奖规律。

回顾接近每隔十年就颁给聚合物学科一次诺贝尔奖的历史，可以看出诺贝尔奖之所以具有这么高的声誉，完全是她的奖项都非常准确地给予了对学科发展起到关键作用的工作。如此准确的颁奖是诺贝尔奖得到全球赞誉的根本原因。

怀揣着"人定胜天"的理念，发挥着人的主观能动性，遵循着已发现的制备材料新规律，聚合物必将得到快速发展。事实果真如此。20 世纪 50 年代初，低压聚乙烯和聚丙烯量产以后，聚合物材料得到快速发展：各种不同的聚合物品种层出不穷，主打的聚乙烯、聚丙烯、聚苯乙烯等产品很快在体量上超过其他材料产品。除了已经形成主流的塑料、橡胶、纤维、涂料和黏合剂等五大材料种类以外，聚合物以不同方式进入各种复合材料，进入日常生活的各种物品。环顾四周，从衣食住行到大型基础建设，这种例子比比皆是，无不彰显出一个材料新时代的来临。

有趣的是，聚合物材料进入人类社会不足二百年，创建了如此的丰功伟绩，却因为价廉物美和普遍使用，给人类社会带来了"太多了"的负担：从无法降解的聚烯烃到无处不在的微塑料构成了环境污染的因素，正在成为社会关注的焦点。这种由于物美价廉造成的滥用，能将原因归结到聚合物难以降解吗？答案自然是否定的。

由于多数不溶于水，聚合物很难在自然界自行降解。然而，青铜器容易降解吗？为什么同样不容易降解的青铜器成珍宝，而聚合物却成为"白色污染"了呢？其中原因太简单，就是聚合物材料太便宜了，以至于管理成本远远高于使用成本。这是管理的原因啊！好在青山绿水成为终极环境目标后，社会加大了管理程度，例如，进行垃圾分类管理，开展可降解聚合物研究，等等。等到新技术能够将聚合物进行分子水平的降解，使用后的聚合物又可以成为进行聚合反应的小分子，整个聚合物材料体系完成闭环循环，青山绿水就可以再现。充满"人定胜天"理念的人工聚合物材料终将会表现出"诚服于天"的自然天性。

8　聚合反应
——聚合物学科的基础

　　所谓聚合反应是指有机小分子单体通过连续、重复进行的化学反应得到高分子量化合物的化学反应。聚合物的基础理论和应用技术均表明：聚合物材料的结构和性质与小分子单体的结构和性质有直接的关系。

——摘自《光子学聚合物》第 16 页

　　聚合物是由成百上千、具有相同结构的小分子通过化学键连接而成的长链大分子。定义中"通过化学键连接"的过程是指一种特殊的化学反应，常称之为聚合反应。施陶丁格提出长链结构的概念时，只是一个假设，完全不了解聚合反应的细节。在长达数年的论证中，主要是对聚合物（具体为聚甲醛）的晶体和聚合物的分子量进行测定，从所得数据中分析出研究对象具有长链结构。即使在普遍接受了"长链分子"概念时，也面临着一个关键问题没有回答：这种长链分子是怎样形成的？这个涉及从小分子到大分子的具体细节一直没有解开，成为建立聚合物学科的障碍。

这一障碍由一位美国的天才化学家——华莱士·休姆·卡罗瑟斯的创造性工作得以突破。1928年，正当欧洲还在争论施陶丁格提出的概念的时候，卡罗瑟斯应聘走进了美国杜邦公司。先前在哈佛大学进行科研和教学工作的卡罗瑟斯本来并不愿意到公司工作。无奈在校长的极力推荐下，以及在公司所给的高工资和"想做什么就做什么"默许下，一心想从事基础研究的卡罗瑟斯进入了杜邦公司设在威尔明顿的实验室中开展有机化学研究。这期间，除了公司安排的聚合物材料研究工作以外，卡罗瑟斯一直醉心于研究聚合反应，想从化学上证明聚合物的存在，而不是像施陶丁格那样仅从物理测试数据出发。

他的设想很简单，就是从已知结构的小分子出发，采用已知反应机理的化学反应作为技术手段，合成得到具有清楚长链化学结构的大分子。提出这个设想，就是要解决聚合物是否具有长链结构，以及聚合物链的链端为何种端基等问题。这些问题在当时的欧洲，乃至整个聚合物材料界都不明了，很多人仍然坚持认为大分子是由小分子缔合而成的胶体。确实因为胶体的性质和聚合物的性质极为接近，普通物理观察难以区分。

实验的细节就更为简单：使用的小分子是二元醇和二元酸，发生的化学反应就是酯化反应，即醇和酸的中和反应。这个反应是中学课程中就有的内容，连做菜的厨师都知道：做酸性肉菜时加入一些酒，就会增香。这就是酒（醇）和肉菜中的酸进行反应所生成酯的香味。

聚合物的形成过程是：如果一个二元酸分子两端的羧基和

两个二元醇分子的羟基都发生反应，就会形成一个酸分子和两个醇分子的三聚体；三聚体两端的羟基再与羧基反应，就会形成三个酸分子和两个醇分子的五聚体，如此等等。换言之，只要酯化反应继续下去，就会得到分子量很大的长链大分子。这只要检测反应过程中羧基或者羟基的数目变化即可获知。

很快，卡罗瑟斯就获得了分子量为 5000 Da 左右的长链聚酯，长链两端的基团是尚未参加反应的羟基或者是羧基。实验结果表明，长链大分子存在的设想是正确的。然而，5000 Da 的分子量还是太低了，得到的产物还不能完全具有聚合物的性能。由于酯化反应是一个平衡反应，随着分子量的增加，产生的小分子水会使得反应向相反方向进行，很难得到高分子量的聚合物。

如果说实验者的天分可以帮助实验者寻找真正的问题，并帮助实验者提出很好的实验设想，那么，解决技术上的难题，则需要实验者的丰富学识和灵巧的动手能力。卡罗瑟斯设计并制作了分子蒸馏器来解决上面提到的难题。分子蒸馏器就是能够及时地将小分子水从反应体系排除，使得酯化反应的平衡不断向着生成酯的方向移动，生成产物的链长随着反应的进行不断延长。在不到两年的时间里，卡罗瑟斯使用分子蒸馏器获得了分子量达到 10000~20000 Da 的聚合物。

解决了关键技术难题，使得整个实验很成功。由此实验，卡罗瑟斯不仅获得了聚合物概念的直接证据，还采用数学方法描述了这个聚合反应过程，建立了卡罗瑟斯方程。方程将分子链的长度和反应程度关联在一起，成为聚合反应的热力学基础之一。

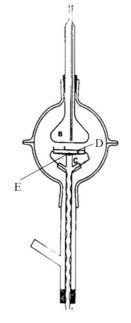

nHO-R-OH+nHOOC-R′-COOH→nHO[-R-OOC-R′-COO-]-H+nH$_2$O
缩合反应：二元醇和二次酸反应生成酯和小分子水。

卡罗瑟斯的分子蒸馏器。首先需将分子蒸馏器抽真空。B 是含有引水管的冷凝器。C 是由玻璃制成的支撑架，用于支撑加热器（D）和蒸馏盘（E）。加热器和蒸馏盘放在一个铜盘上。在当今时代，分子蒸馏器已经有很成熟的产品。在当时，分子蒸馏器则是由实验室自己制备的个性化仪器。卡罗瑟斯特别设计了加热盘以及完成了控制加热盘和冷凝器之间的距离的技术，使得分子蒸馏器的效益最大化，保证蒸发表面产生的挥发物能够完全被冷凝器接收，几乎没有任何挥发物返回蒸发表面。

　　回顾整个故事，从中可以体会到进行科学实验的乐趣，同时也学习到开展科学实验的方法。在现实工作中，经常遇到学生，或者各种经费申请者抱怨，找不到合适的问题。实际上，好的问题不用找，只要你熟知所从事领域的发展动态，问题就是尚未获知的知识和规律。在这个故事中，长链大分子的形成过程是一个大家都在争论的问题，显然是一个大的问题：涉及面很广，是建立新学科的关键因素。现实中，这样大的问题很难遇到，具体工作中类似的小问题还是很多的，只要你敢直面，问题就会出现。常见的情况是：不去深入阅读文献，从中找出同行们关注的问题。造成的结果就是常说的：没有调查，就没有发言权。

　　个人体会，这一步还是比较容易的。困难的是如何设计巧妙的实验来探索未知的知识。这个故事里，卡罗瑟斯提出使用"结构明确的小分子，机理明确的化学反应"就是一个典范。这是一个直接的化学证明。相比于施陶丁格采用间接的物理测试方法，化学证明更能使化学界接受，同时完成相关化学理论，为将来学科建立奠定基础。

总之，卡罗瑟斯的工作及相关数学模型的建立是一个科学研究的典范。在讲究学术氛围的大学里进行教学，我常常会以卡罗瑟斯的工作为切入点，讲授如何进行科学实验，如何将数学融进实验，并在数学帮助下奠定新学科的基础。同时，讲课中也不能回避一个问题：这样一位天才，却未得到诺贝尔奖青睐，原因是卡罗瑟斯患有忧郁症。1937 年 4 月 28 日卡罗瑟斯前往杜邦公司的实验室工作。次日，他在费城附近的一家旅馆的房间内喝下掺有氰化物的橘汁自杀。没有发现任何遗嘱。

卡罗瑟斯的英年早逝，丝毫不影响他给聚合物学科带来的巨大进步。特别是，由于是在公司工作，他的聚合研究很快就取得了巨大收获。1934 年，卡罗瑟斯及其研究团队用二胺代替二醇与二酸缩合获得了聚酰胺。相比聚酯，聚酰胺通过氢键作用可以形成结晶态，使得它的机械性能增强。在日常生活、生产过程中，聚酰胺比聚酯有更广泛和实际的用途。卡罗瑟斯的基础性研究是一系列新的聚酰胺产品的源头。1938 年 10 月 27 日，杜邦公司首次宣布了聚酰胺将成为公司年产三百万磅的新产品。卡罗瑟斯没有看到聚酰胺（商品名为尼龙）带来的一切，是否会为此感到遗憾呢！应该不会。终生关注基础研究的他，会以他的基础研究成果永远活在科学人心中。

如今，聚合反应已经成为聚合物学科的入门课程的主要内容。除了丰富多彩的案例外，最重要的是它与数学的结合，使聚合物化学成为成熟学科。

　　卡罗瑟斯（华莱士·休姆·卡罗瑟斯，1896年4月27日—1937年4月29日）在实验室。由于英年早逝，卡罗瑟斯没有获得诺贝尔奖。今天，当提到卡罗瑟斯对聚合物的贡献时，提到的多是尼龙。实际上，尼龙产品是公司行为，尼龙的研发是由一整个团队在进行。卡罗瑟斯的贡献还包括：使用化学方法证明了聚合物是由小分子通过化学键连接而成的长链大分子。这在聚合物概念出现初期，是非常出色的工作；将弗洛里引入团队。弗洛里充分发挥了数学天分，最终完成了聚合物学科的奠基工作。弗洛里建立的聚合物化学和聚合物物理中的数学模型至今仍是大学教科书的基本内容。

　　从研究领域到建立新学科的跨越，需要建立理论基础。这些理论基础有些是定性的，有些是定量的。例如中医学科中，很多理论就是建立在定性分析基础之上的，主要采用文字解说。现代科学则需要较多的数字解说，用于定量论证。所以才有"那个学科采用的数学越多，那个学科就更为成熟"的说法。这当然是对现代科学而言，不能不问时间、地点，广而论之。

聚合物学科发展到今天，对聚合反应的研究和教学都提出了新的要求。回忆 20 世纪 80 年代初，在大学中尚没有关于聚合物化学的教材。然而，在大学本科层次安排与聚合物化学相关课程是帮助将要进入社会的大学生了解聚合物形成和降解过程的基本规律，是一门专业必修课程。面对没有教材这一现实，老师就分次油印国外教材。具体为奥迪安所著的《聚合反应原理》。每次都是厚厚一叠，课程结束后，则得到一本半尺厚的特有油印教材。这本教材特别强调数学模型部分，使我们很早就知道化学与数学学科如何融合，也就是今天专业领域的数学建模。

直到考研究生时（1982 年），才拿到国内第一本与聚合反应相关的教材，是潘祖仁教授编著的《高分子化学》。复习考研究生，看了这本教材，主要内容，特别是数学方面的内容，来自奥迪安所著的《聚合反应原理》。如今，各种版本相关的教材就很多了，特别体现出不同学校自己的风格。作为研究型大学，中国科学技术大学安排了 80 学时完成"高分子化学"课程的教学。就作者所知，这一学时安排是相对较长的。目的就是要在教学中增加数理基础和化学合成方面的内容，培养基础科学研究能力。回想起我们本科学习时老师用中文教，学生用英文读，作业和批改用英文做的严谨、踏实情景，确实有"往事只能回味"的感觉。

严谨归严谨，踏实归踏实，往日的聚合反应内容只能是当前聚合物学科的基础。今天，丰富多彩的聚合反应研究确实已经推陈出新。当年教科书中完全没有的活性自由基聚合，今天已经成为我们实验室常用的聚合反应；引入各种新的有机化学反应，例如点击反应，来进行聚合反应也已经不是新闻。聚合反应的新进展在创造着新的历史，也在不断提出新的问题。如同卡罗瑟斯的工作一样，直面这些问题，提出明确的实验计划，解决实验中的关键技术，不断取得新知识和新规律，必定会在聚合反应的基础上促进聚合物学科的持续发展。

9 结构——材料结构和波导结构

值得指出的是：除了上述聚合物的化学结构（通常也称为一级结构）以外，从材料角度来看，聚合物还具有链构象结构（二级结构）和凝聚态结构（三级结构）。这些结构与聚合物在各种物态条件下的性质紧密相关，相关知识常在聚合物物理教科书中介绍。特别值得强调的是，除了上述三个层次的结构以外，光子学聚合物还涉及聚合物的波导结构······

—— 摘自《光子学聚合物》第 19 页

对于物质本源的认识分为两个方向：以能够保持物质性质的原子、分子为标尺原点，向尺寸更小的方向对微观粒子的研究；向尺度更大的方向则是对物质结构的研究。这样的分类起源于19 世纪末到 20 世纪初期间。因为在更早的时期，由于实验仪器和实验方法的限制，能够给出物质表征的参数只有组成，所以对于结构仅限于猜想。例如，早在 1839 年发现聚苯乙烯时，只能通过测试得知其组成与苯乙烯一样，暂定名称为类苯乙烯，而不知道聚苯乙烯的长链大分子结构。

关于物质结构的定义，常常包括组成和结构。这里说的结构则与组成有所区别，特指保有物质本性的原子或分子的空间位置。究竟是原子还是分子，在于你考虑的物质模型中，物质的质点是分子还是原子。在考虑分子时，这个质点就是原子。在聚合物学科体系，原子在分子内的排布被称为一级结构。一级结构受化学键控制。只要化学键不发生断裂，这种排布不会改变，所以常称为分子的构型。

聚合物中，连接原子的化学键是共价键，而共价键具有方向性，加上每一个原子上具有多个共价键，又指向不同的方向，所以长链的大分子常常是扭曲的，像是一团毛线。这种由大分子链长决定的大分子状态，会受到很多因素的影响，即在化学键不发生断裂的情况下，也会发生变化。这类结构与构型不同，称为构象。

在长链大分子概念提出时人们就意识到了构象的存在，而且构象成为人们判断大分子的长链结构存在的有用工具之一。真正体会到构象结构重要性的时刻，还要归于生物大分子的双螺旋结构的发现，它是20世纪生命学科的最重要发现。在没有双螺旋的聚合物领域，构象也得到了广泛应用，被称为二级结构。

尽管在本科学习中已经了解了这些知识，我确切体会到构象重要性的时间却是在硕士学习阶段。当时，参与的科研项目是有机锡防污涂料。这种涂料用于海船外表面，是因为附着在船体表面的海洋生物会降低航行效率。涂料的原理就是杀死附着的海洋生物，而更深层次的"杀生"原理，就是利用锡原子与生物大分子的配位，改变生物大分子的构象，以终结其生命。可以预见，有机锡化合物不仅能杀死海洋生物，对人的生命也同样有致命危害。特别是一些含锡的小分子还能够穿透人的皮肤，进入人体内对人造成致命损害。历史上，曾经有两位没有这些知识的操作人员，用未加保护的手作为搅拌器，直接搅拌有机锡涂料，导致身亡。记得在一次有机金属学术报告会上，在做了有机锡涂料的研究报告后，很多专家没有提问学术问题，始终关心我的实验过程，了解如何防止泄漏，如何安全操作，等等，搞得我一头雾水。回来后，询问导师才知道上面的事故，感到后怕。在实验中，提纯有机锡单体，需要进行 230 ℃ 下的真空蒸馏，这是一个化学实验中的高难动作。好在那时，实验多是老师手把手的教，没有遇到意外事故。由此故事，构象的概念在我脑子里变得根深蒂固，再也不会忘记。

不同于生物大分子构象在生命过程中的精准作用，聚合物的构象结构多用于构成聚合物凝聚态结构。这种比构型、构象更大尺寸的结构会给聚合物应用带来丰富的内容。物理学家喜欢以原子为质点的材料系统，对于有机分子的凝聚态，特别是因为对于大分子长链形成的凝聚态，物理学家常感到困难，主要是没有理论模型。南京大学物理学教授冯端先生曾经在一次教学讨论会上说过：一见到乌龟壳（有机化学中的苯环）就头疼。因为实在太难理论处理了。在这样的背景下，聚合物凝聚态之所以得到重视，要归于液晶的应用。进入 20 世纪 80 年代，液晶概念（1888 年发现）又重新被人拾起，因为液晶材料是信息化社会中的关键一环：显示行业发现液晶可以很方便地用作显示材料。作为部分有序的凝聚态，液晶态与聚合物的凝聚态极为相似，最终都由标度理论统一描述起来，给液晶和聚合物的应用起到了指导作用。为此，标度理论的创始人——法国理论物理学家德热纳在1991年获得了诺贝尔物理学奖。给他的颁奖语写到：

发现从简单系统的有序现象中发展起来的研究方法能够推广至更复杂形态的物质，特别是液晶和聚合物。

虽然忽略了化学结构对聚合物物理性质的影响，标度理论还是将聚合物凝聚态的相关研究向前推进了一步。一个有意思的小插曲是，诺贝尔奖颁奖当年出版的物理和聚合物领域的学术期刊都将德热纳教授奉为本领域的诺贝尔奖获得者，专文加以介绍，使得本来按专业来分的自然科学奖成为跨学科的奖项。

由于当年正好在瑞典学习，我体会到诺贝尔奖对于瑞典整个国家的深刻影响：授奖日的前一个月，在瑞典的各个大学中，到处张贴的都是世界各地到访者的学术报告的广告，真是全世界科学家的一个盛会。受益的首当是瑞典的科学发展，其次是各大学对学术有着热切期盼的学子，最后是全体国民的科学素养的洗礼。回国后，我仔细地整理了聚合物学科诺贝尔奖获得者的获奖工作，发现每一个奖项的背后都是聚合物科学的重大进步。实至名归的奖项会激发出人们对科学的尊敬，同时也奠定了奖项自身权威性。

现在，聚合物液晶显示器已经商业化生产，成为曲面显示的基础性材料。在20世纪80年代，小分子显示器尚未完全成熟，聚合物液晶显示仅仅只是一个概念。然而，液晶——这个凝聚态的特例，却给聚合物材料增添了新的故事。

　　带有"乌龟壳"的聚合物的长链通常刚性很大，可以用于制备高强度材料。可是由于刚性很大，很难溶解，熔融温度又很高，常常没等到熔化就发生了分解。所以，尽管可期的强度很大，但由于难加工而无法成为产品。液晶的一个特有性质改变了这一状态。液晶的主轴方向通常具有很低的黏度，在这个方向流动性好，能够进行加工。而含有"乌龟壳"的聚合物通常也具有液晶性。两者的结合就产生了一种高强度的聚合物纤维——凯夫拉纤维。现在，这种纤维已经用于制作防弹衣等高强度产品。更为普遍的意义是，利用液晶这种特殊的凝聚态，很多高强度、耐高温的聚合物材料被开发出来，形成很多知识产权保护下的高科技产品。

　　在上述化学结构、构象结构和凝聚态结构三个结构层级之上，驾驭光则要考虑波导结构。光在本质上是能量，同时又能够作为信息的载体，光的传播自然受到很多研究者的兴趣。除了光纤这样的波导结构之外，相关研究还包括远远小于波长尺度的纳米光纤中光的传输；同样小于波长尺度，一维金属纳米线中光的传播；光子晶体中禁带形成通道中光的传播；等等。这些传播过程中，光的传播方向和损耗，与周围介质的性质紧密相关，尤其是折射率分布以及不同折射率材料间的界面等结构因素对光传播有着显著影响。

　　例如，在以光密介质为纤芯，光疏介质为包层的寻常光纤中，两种不同折射率的材料界面处会有倏逝场的存在。这是在光由光密介质扩展到光疏介质时所产生的，只有波长厚度的稳定光场。在未进入光子学领域之前，并不知道这种波导结构所带来的特殊性质，对于两者的关系加以研究和应用更是尚未考虑的领域。

在聚合物材料的研究中，考虑聚合物结构与性能关系时，研究者们的注意力还是集中在聚合物的前三个层次的结构。相比金属材料和无机非金属材料，聚合物的结构主要有两个特性：一是化学结构可以人工裁剪；二是聚合物是一种长链分子。前者涉及化学，后者则涉及物理。只有在研究聚合物凝聚态时，这种长链结构的特点才能体现出来。比如聚合物结晶，很少能得到大尺寸的结晶，就是由于一根长链很难规规矩矩地全部进入单一晶胞，常常同时穿过几个小晶胞，形成由小晶粒和非晶体共同构成的凝聚态。要得到大尺寸的单晶，往往先要将单体长成单晶，然后通过固相聚合得到。至今我还记得，在大学本科毕业论文时，有位同学的本科论文研究的就是培养炔类小分子的单晶。毕业时他获得了一块蚕豆大小的单晶，自豪的状态无法用言语形容。

波导结构是从聚合物跨向光子学聚合物的一个切入口。一般而言，进入一个交叉学科会有很多切入口。只有已具有多年的工作基础（天时）和那些有准备的大脑（地利），才能找到属于自己的切入口，进而在环境允许的条件下（人和）顺利开展交叉研究。古老哲学所给的天时、地利、人和的办事规律，确实是具体工作能够成功开展的保证。在进入光子学聚合物研究领域的初期，并不了解开展新工作的"切口"，只是给出一般的定义：光子学聚合物是基于光量子与聚合物相互作用，能进行光信息传输、显示、调制和存储的聚合物。这个定义是 2006 年，在专门召开的"聚合物光子学"香山会议上提出来的，虽然很全面，但是由于缺少工作积累，这个定义对于"驾驭光"的内容并不是

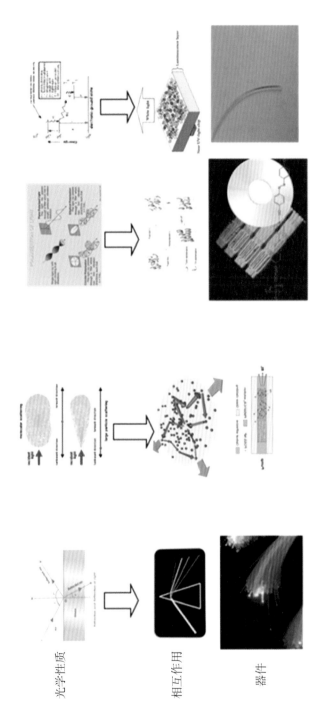

驾驭光，给材料的结构带来了新的内容。从材料角度来看，聚合物结构可以分为三个层次：构型结构（一级结构）、构象结构（二级结构）和凝聚态结构（三级结构）。这三个层次的结构与光的相互作用带来了光的折射、反射、散射和荧光发射等性质。在此之上，已出现的聚合物-玻璃的复合结构也在不断涌现，如渐变折射率聚合物光纤，即波导结构。对于单纯的聚合物光纤，这方面内容也在不断涌现，如渐变折射率光纤、光子晶体光纤等。波导结构与光的相互作用正在充实着光子学聚合物概念（基于光量子与聚合物相互作用）的内涵，推动光子学聚合物研究不断深入发展。

光学性质　相互作用　器件

很明确、具体。

在多年进行光纤研究工作之后，无论是实验操作技能还是光子学理论知识我们课题组成员都有了一定的积累，"天时"已经到位。在一个时刻努力寻找新材料的实验室，我们认识到光纤的纤芯和包层界面处存在倏逝场以后，立刻就想到这一特殊波导结构可能会产生很多新的性质。多年的研究工作积累，我们已经具备了相关实验设备，成员也积累了相关实验经验，加上和光纤实验室合作研究的经历，"地利"和"人和"也已经预备。所有这些因素都保证了提出的科研方向的正确性和实际实验操作的可行性。例如，在光纤纤芯和包层的界面处引入光响应聚合物，随着倏逝场的介入，聚合物会发生相应光化学或光物理变化，最终会影响到光纤中传输光的变化。根据这一原理，课题组提出聚合物-玻璃复合光纤概念，首先在有机溶剂传感器方面取得了成功：不同的溶剂会不同程度地溶胀聚合物，使得聚合物折射率改变，造成光纤中的传输光强度发生变化；再反推回来，这种复合光纤可以用于确定溶剂的种类，实现不同溶剂的识别，并进一步可用于不同溶剂环境的光纤传感。

在聚合物材料研究的基础上，又可以采用各种聚合物来代替上述可溶胀聚合物制作复合结构。例如，在光纤纤芯和包层的界面处引入光响应聚合物、光致色变聚合物、发光聚合物、光催化聚合物等。这些复合结构的工作使得聚合物-玻璃复合光纤材料和器件研究逐渐形成了一个新的交叉研究方向。

从结构角度来看，在聚合物的结构与性能关系之上，已出现的聚合物-玻璃的复合结构产生的新性能预示着新的结构层次的产生，即波导结构。对于单纯的聚合物光纤，这方面的成果也在不断涌现。例如，渐变折射率光纤、瓣状折射率光纤、光子晶体光纤等，正在成为聚合物领域的新的研究内容。丰富的研究内容也在充实着光子学聚合物概念（基于光量子与聚合物相互作用）的内涵，推动光子学聚合物研究不断深入发展。

10　概率——聚合反应的数学模型

　　……聚合物的形成过程是由许多重复增长反应而构成的。由很多重复过程构成的事件发生时，完成一次事件（相应于聚合过程中一条聚合物链的形成）的概率会有差别。这一差别造成的结果是：在通常的聚合反应中所形成的聚合物具有不同的长度，即得到的聚合物分子量具有分散性。这一概率过程的结果是：聚合物分子量通常表征为一个平均分子量，而不是如有机小分子那样具有单一分子量。

—— 摘自《光子学聚合物》第 20 页

　　数学在自然科学中是一把"双刃剑"，合理地使用数学工具可以建立符合数学逻辑的理论模型，帮助认识清楚现实条件下的实验结果。在聚合物学科的发展过程中，每一次进步都离不开数学的帮助。

　　在提出聚合物概念的初期，在数学的帮助下解析晶体衍射结果，使得人们认识到长链大分子确实存在。这只是使用数学工具，而不是真正将数学和聚合物融为一体。

　　第一次数学建模，用数学来表征聚合过程，是卡罗瑟斯建立的反应程度与聚合度的数学模型。通过这个模型，能够准确预测聚合反应进行到什么程度，能够获得多长的聚合物链。这个仅限于逐步聚合反应的单一数学模型，首次将数学和聚合反应融合在了一起。这一步现在看起来是很小的一步，在当时的聚合物领域，却是第一次从数学角度证明了聚合物是通过共价键结合而成的长链结构，可以说是聚合物科学走向聚合物学科的一大步。

任何创新都离不开积累。卡罗瑟斯之所以能够做出这样的工作，并不是他在数学上有什么天分，而是在进大学时，受到作为副校长父亲的压力，不得不进入商学院学习会计。也许是培养了一定的兴趣，在读博士学位时，卡罗瑟斯在读博士学位的时候，还选修了物理化学和数学。这种知识的积累，加上他"使用结构清楚的小分子和机理清楚的化学反应"来研究聚合反应的初衷，很自然地从数学角度考虑起长链分子成长过程。现在看来，由他建立的卡罗瑟斯方程是很简单的，也是很容易想到的。

简单的数学模型很快就遇到了复杂的现实。采用卡罗瑟斯方程确实可以得到一个分子量数值，这个数值也随着聚合反应的持续进行而不断变大。一切都很完美！然而，大量实验结果却表明，聚合物并不是像通常的小分子有机化合物具有确定的分子量，而是随着分子链长度的增长，最终得到的长链分子产物是分子链长度不同的分子集合。由卡罗瑟斯方程获得的分子链长度数值只能用作所有分子链长度的平均数值。

　　数学模型要与实验结果一致，这样的现实只能被迫接受。而"被迫"使用平均分子量的事情体现出卡罗瑟斯方程的短板。对于一个需要很多次增长才能形成的长链，每一次反应既可以发生在这个链上，也可以发生在那个链上，完全是一个概率过程。现在看来，事情很清楚，可以用概率来处理这样的系统。但是，当时的卡罗瑟斯却无法下手，毕竟自己专业是有机化学，手中的数学工具积累有限。

　　19世纪末到20世纪初，人们已经开始研究随机过程，将数学中的概率论知识不断引入物理、化学过程。时势造英雄，这样一个机会落在了聚合物领域的第三次诺贝尔奖获得者保罗·约翰·弗洛里的身上。弗洛里在博士毕业后，就被招进杜邦公司，与卡罗瑟斯一起研究逐步聚合反应。研究中首先考虑的问题就是：随着长链分子的链变长，处于分子链末端，又即将要进行聚合反应的功能团活性是否会随着链长变化而发生变化呢？假如此时的反应活性不同，分子链增长的速度也不同，就会造成最终分子链的长短不同。科学家的思考是进行科学研究的基础：针对现实中出现的问题，提出可能的原因，再设计实验加以验证。

　　现在回顾起来，这样的科学研究过程简简单单，清清楚楚。仔细结合现实想一想，在实际工作中，事情往往并不是这么简单明了。在类似的情况下，很多人不能直面问题，不能下功夫去认真分析问题，造成研究工作无法进行下去。这里当然需要有经验人的指导，也需要科研工作者有一定的知识积累和敢于直面问题的个性。

　　弗洛里是否有人指导，现已无据可考。事实上，他设计了不同长度的分子与小分子进行反应，从实验上证明：对于长度不是很长的分子链条件而言，功能团的活性确实会受到分子链长度的影响，导致反应速率下降。而等到分子链长度超过一定数值后，这种影响消失了，即反应速率并不会受到分子链长度的影响。随后，他用分子碰撞理论对此进行了解释：按照化学反应的碰撞理论，两个要反应的功能团要碰撞十的十七次方的次数后才能完成反应。在这样的前提下，聚合反应中，随着分子链变长，反应体系的黏度增加，分子链端的功能团与不同小分子之间的碰撞变为分子链端的功能团与周边同一小分子的多次碰撞，抵消了由于黏度变大，功能团运动困难带来的分子链端的功能团与不同小分子发生碰撞的概率减小。实验结果表明：由于生长链端的活性基团的活性都相同，链增长过程是一个随机发生的概率过程。这样的结果也帮助了弗洛里将概率工具用于这一尚未解决的问题。

　　首当其冲的问题就是：在聚合反应中，所得聚合物链的链长并不相等。既然不同长度分子链的反应活性与分子链的长度没有关系，长链分子每次反应的概率都是相等的。对于复杂的聚合反应来说，这是从实际过程中抽提出来的一种理想假设。按照此假设，使用概率模型，计算出来的分子链的长度确实不是等长的，理论上证明了聚合反应中存在不同长度分子链（存在分子量分布）的事实。

运用概率统计方法，弗洛里计算得到聚合反应中聚合物分子量分布的多分散系数：

$$\frac{\overline{M}_w}{\overline{M}_n}=1+P$$

其中：$\overline{M}_w$ 是重均分子量；$\overline{M}_n$ 是数均分子量；P 是聚合反应的成键概率。

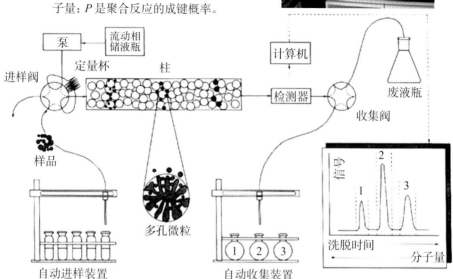

弗洛里的理论结果（见左上图）表明：由于成键概率是已成键数目占所有可能成键数目的比率，是一个小于 1 的数，理论上的多分散系数总是处于 1 和 2 之间。理论结果终究是一种数学模型得到的理想状况。实际上的聚合反应要复杂得多，温度的起伏、体系黏度的变化和各种副反应都会影响聚合物的分子量分布，实测的多分散系数远远大于理论数值。如何得到单分散（多分散系数接近于 1）的聚合物至今仍然是聚合物科学的一个愿景。今天，分子量分布的理论研究已经发展出了成熟的商品化仪器——凝胶渗透色谱（右上图）。这个仪器用来测试聚合物的分子量分布非常方便。其原理就是让不同大小的分子通过一个由多孔微粒装填的柱子，由于多孔微粒对于不同大小的聚合物分子的流动阻力不同，造成不同大小，也是不同分子量的聚合物分时流出，记录下来，就可以得到如右下图所示的谱图，积分起来就可以得到分子量分布图。一个有意思的问题是：通过这样一个柱子，是分子量大的分子先流出来，还是分子量小的分子先流出来？答案是分子量大的分子先流出来。具体原因，有兴趣的读者可以试着分析一下。

概率模型的应用还使得弗洛里在聚合物领域取得了很多成果。例如，交联聚合物的交联点的理论计算和在聚合物物理中建立的众多的数学模型等。最终形成了他的代表作——《高分子化学原理》。为了表彰弗洛里对聚合物学科的贡献，1974年的诺贝尔化学奖授予了弗洛里。这是聚合物领域的第三次诺贝尔奖。给他的颁奖语是：

> 对于聚合物的形成过程以及其本体和溶液的研究，带来了诸如尼龙和合成橡胶等工业化生产的成功。他的研究结果表明：弄清这类挠曲性分子的大小和形状，对于确立它们的化学结构和物理性质之间的关系至为重要。

通过概率计算可以获得理论上的分子链长度分布。实际聚合过程的分子量分布与理论结果是不同的，而且，理论计算得到的分布要远远窄于实际测量得到的分布。数学模型之所以重要，是因为它抓住了整个事情的本质：聚合过程产生的长链是长短不一的。在具体聚合反应中，影响这个"长短不一"的因素还有很多。在程度上，实际的分子量分布也比理论预计的分布要宽很多。但是，外因总归是外因，内因才决定事物本质。

面对这个"长短不一"现象，只想获得"长短一致"是不够的，并不是越窄越好。相反，有些情况下，材料对长链分子的链长分布还有特殊要求。例如，此前参加一个涂料项目的验收会，就得知这个涂料产品中的聚合物具有双分布的链长分布，用专业术语来讲，就是具有双峰分布的聚合物分子量分布。这是涂料的专有用途所要求的。由这种分子量分布的聚合物获得的涂层更具有可操作性，手感更加舒适。

　　学术上的要求与应用上的要求是不一样的。获得分子量分布窄的聚合物一直是聚合物化学家的一个梦想。在本科教学中，推出理论模型，直观告诉学生问题所在，给青年一代在未来有机会实现梦想时作为参考标准。

　　眼下，国内有关聚合物化学的教学用书多起来了。一改改革开放初期（1977、1978年读书时）没有教材的状况。然而，基于概率的数学模型所做的这种分布计算在各种教科书中是越来越少见了。很多情况下只是给以结果，用于与实测结果进行比较。在强调基础科研的当下，这种缺少数理基础的教学能使学生轻松完成课程，失去的却是对学科根基的了解。强调数学模型的教学不是仅仅强调理论结果，而是帮助学生学会如何使用数学工具来处理聚合过程。通过这个教学，学生们可以知道两方面：一是复杂过程是如何简单化，从而进行数学建模并进行数字化处理；二是数学结果永远是理想的、完美的，又是与实际有差别的。这个差别主要来自建模过程中所依据的仅是概率因素，而实际影响概率过程的因素还有很多。例如，使用数学模型计算的分子量分布要远远窄于实际的分子量分布。造成这一结果的原因在于聚合过程中反应体系的黏度变化，反应温度的变化，反应器温度不均匀因素，等等。认识这个差别有利于了解聚合反应的实际过程，对于学生改善已有数学模型更是有启发作用。特别是对于将要从事科学研究的学生来说非常有益处。多年的研究生培养经历确实说明：善于抓住本质建立数学模型的同学，科学研究做得会比较深入，能够较快和明确地获得对未知领域的本质认识。

11　速率延缓
——基础研究中另辟蹊径

单一分子量分布的聚合物至今仍然是聚合物化学的愿景，相关研究工作仍在不断深入。这一背景促使寻找活性自由基聚合（living radical polymerization）的工作得到发展。例如：近几年发展起来的可逆加成 – 断裂链转移自由基聚合（reversible addition fragmentation chain transfer, RAFT）……速率延缓效应是指 RAFT 自由基聚合反应速率比相同条件下、没有加入 RAFT 试剂时的自由基聚合速率要低……

　　　　　　　　　　——摘自《光子学聚合物》第 21-22 页

制备分子量分布单一的聚合物一直是聚合物化学家的梦想。之所以称为梦想，一是因为太困难了。几十年过去，尚未有根本解决。二是因为太重要了。例如，分子量分布单一的聚合物可以用作标准样品，成为各种聚合物物理性质测量的基准。目前，这种基准还没有建成。最接近实现这一梦想的聚合反应是阴离子聚合。

顾名思义，阴离子聚合就是以阴离子为反应基团的聚合反应。每当我讲到"阴离子"这个词的时候，总会想起我高中入学考试的一幕。当时是 1972 年，正是教育回潮时期，每一位老师和学生都在为一个消息而努力：高中生可以直接考试上大学了。每一所高中都在为此做准备，其中一项工作就是对新入学的学生进行摸底考试，以帮助老师教学。记得那次是参加化学摸底考试，作为第一个提交的答卷，老师当场就给我的卷子进行批改，并且贴在黑板上作为标准答案。实际获得的考分是 99 分，扣除 1 分的原因，就是将"阴离子"写成了"负离子"。老师说，只有讲电荷时才采用正、负，而讲离子则需采用阴、阳，因此扣除 1 分。此事让我终身难忘，只要讲课讲到阴离子，总要回顾一下这个故事，以示"表达准确"在科学中的重要性。

阴离子聚合之所以能够获得比较窄的分子量分布，主要是因为反应很快，便于通过控制实验条件消除副反应。例如，反应要在超高真空条件下进行等。曾经一位从国外回来任教的老师告诉我，他在国外一直从事阴离子聚合研究和标准聚合物样品的生产，回国后，发现国内这方面工作不多，想继续这方面的工作。无奈他年纪大了，希望我与他一起做这项工作。在了解了阴离子聚合的方方面面后，我还是打了退堂鼓。主要原因是实验操作太难了，加上其他条件也很苛刻，实在难以在学校已有环境下进行。事后，我也遇到过一些在国外从事过阴离子聚合的同行。据了解，他们回国后，都先后停止了阴离子聚合方面的工作。

如此艰难的工作迫使人们寻找更为简单易行的方法来代替

阴离子聚合。活性自由基聚合就是在这样的背景下产生的。在众多的活性自由基聚合的实施方法中，其中之一就是可逆加成－断裂链转移（reversible addition fragmentation chain transfer, RAFT）自由基聚合。RAFT 聚合研究一进入我们实验室，很快就成为众人喜爱的、制备单一分子量分布样品的热门方法。喜欢它，不仅是因为通过它能够得到分子量分布窄的样品，而且使用该方法还能够制备各种嵌段、接枝等特殊结构的聚合物。加上聚合反应条件很宽松，在实验室很容易实现，一时间 RAFT 成为制备新型结构聚合物的常规方法。

事情都是很难两全的。很好用的 RAFT 聚合也有不足——聚合反应速率太慢。本来，我们实验室没有从事这方面研究，并不了解这个不足。后来，实验中需要使用这一聚合方法制备各种特殊结构聚合物样品，研究生们多是按照文献介绍的方法在照章操作。

在一次与同学讨论工作时，我了解到其中一位同学的工作还没有进展，一直在等 RAFT 聚合反应结束。仔细询问，才知道 RAFT 聚合一般需要两三天才能结束。这与一般情况下，自由基聚合在几小时就能结束的情况相差太远了。这样一个情况引起我的兴趣：是什么影响了 RAFT 聚合的聚合速率？见我这么问，同学回答说：文献上都是这么说的。我再进一步问：为什么？都回答不上来。

既然大家都回答不上来，就让一位刚进实验室的学生进行专项调研。调查结果是：为了获得单一分散聚合物，RAFT 聚合采用特殊试剂与活性自由基进行交换反应。这种新引入的交换反应会产生一系列自由基之间的交叉反应。这些交叉反应既抑制了终止反应发生，保障所有活性链同步增长，以获得单一分散的聚合物，也造成了聚合速率降低。其中，不同自由基之间的交叉终止就是造成聚合速率较低的原因之一。

如何解决这一 RAFT 聚合的本征问题？简单讲起来就是：自由基之间要反应并形成化学键，两个自由基的电子自旋方向必须相反。这是泡利不相容原理在化学键形成过程中的具体要求。想要抑制电子对之间的反应，最直接的方法就是将所有的电子自旋都改到一致方向。外加磁场可以将自旋取向到磁场方向，即将电子自旋全部取向一致。为达到这一目的，需要外加磁场达到 500 T 以上的磁场强度，而目前人工获得的磁场强度最高也就是几十特斯拉。

经过初步计算得到这一结果后，这件事情看来是无解了。然而，凭着对未知事物的好奇心，有时间就查看一些关于自由基反应的研究工作，终于发现：上述结果是在稳定条件下的热力学结果，而我们的研究对象是聚合反应的动力学过程。是否可以通过外加磁场来调控聚合反应动力学，从而增加聚合反应速率呢？这是前人尚未有报道的工作，要得到答案只能开展实验研究。因此，我们实验室设计并开展了外加磁场条件下的 RAFT 聚合反应动力学研究。

在外加磁场条件下，RAFT 聚合反应速率的研究结果表明：外加磁场确实会影响聚合反应速率，而且在以某一外加磁场强度条件下聚合反应速率会达到最大。这一结果发表在《聚合物化学》（《Polymer Chemistry》）上。

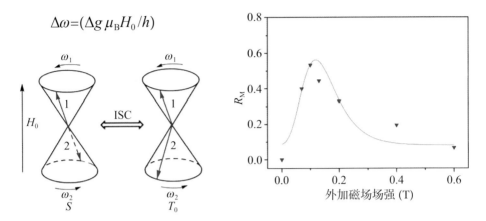

要想把自由基的自旋都调整到一个方向，需要 500 特斯拉的外加磁场强度。这样高强度的磁场在现实中是无法实现的。为了解决 RAFT 聚合中的自由基自旋不同造成的交叉终止问题，必须另辟蹊径。对于聚合物反应中不同自由基之间的反应，它们的自旋会受到外加磁场的影响。左上图给出的公式就是不同自由基之间在外加磁场条件下的频率变化。这种变化会导致自由基的自旋偏转，特定时刻两个自由基的自旋会相同，不能形成化学键。左下图所示的两个自由基的变化：一对自由基的自旋相反（单线态），两个自由基之间可以反应，形成化学键；在外加磁场的作用下，自由基自旋会发生系间串越（ISC），即两个自由基成为自旋相同（三线态）。自旋相同的自由基之间不会形成化学键。按照这一原理，RAFT 聚合中的交叉终止反应得到抑制，聚合反应会加快。右图给出了实验结果：在 0.1 特斯拉的外加磁场条件下，RAFT 聚合反应速率达到了最高。

在实验上验证了外加磁场对 RAFT 聚合反应速率的影响以后，建立起新的 RAFT 聚合实施方法之前，还有一系列的问题需要探索。例如，外加磁场会影响 RAFT 聚合的反应速率，对反应得到的聚合物的分子量和分子量分布又会有怎样的影响？实验中是由体积很大的电磁铁提供外加磁场，是否有更为方便的聚合反应实施方法？发展到今天，RAFT 聚合已经成为一个普遍使用的方法，各种外在因素不断增加，外加磁场对这些外在因素有没有影响？等等。为进一步探索这些问题，设想模仿管道生产的方式，在磁通管中进行 RAFT 聚合，探索在外加磁场（由磁通管提供）条件下，上述与 RAFT 聚合相关的诸多问题。为此，专门申请了国家自然科学基金，希望得到资金支持。

结果，项目没有通过评审，返回的四位评审人的意见如下：

（1）本项目提出了通过外加磁场改变自由基的自旋状态，影响其偶合反应，深入研究 RAFT 聚合体系中的不同交叉偶合过程对其反应的影响，研究内容具有重要的科学意义。项目研究思路清晰，研究方案合理，关键科学问题明确，可行性分析可靠，研究基础好。

（2）申请者拟进行外加磁场下 RAFT 聚合的研究，研究目标不明确，是要发展一种聚合新方法吗？显然无法改变 RAFT 的机理，发展新方法不可能。改变聚合反应速度？就没有必要用磁场这种实际应用中不可能用的方法。研究方案实在太简单了，没有可行性。

（3）本申请提出用外加磁场来影响 RAFT 聚合中链增长自由基和中间态自由基的交叉终止，从而提高 RAFT 聚合速率。为此，申请人计划首先研究外加磁场对 RAFT 聚合体系的影响，探讨 RAFT 聚合阻聚效应的根源；比较有无外加磁场时 RAFT 聚合速率、分子量和分子量分布，找出最佳条件，实现对 RAFT 聚合更好的可控性。

评审人认为，本申请想法新颖，角度独特，但可行性较低（虽然作者报道了外加磁场的聚合结果）。这是因为，外加磁场很难让自由基从单线态向三线态跃迁，除非有敏化剂。申请书中没有给出令人信服的外加磁场导致系间跃迁的证据和措施。

申请书提出，本方法有可能成为具有普适性的 RAFT 聚合新方法。如果从加快聚合速率的角度来看，这一方法所需要的设备，使得其便利性大大低于其他方法，因此应用价值不高。

（4）RAFT 聚合经过 15 年的发展，已经成为一种成熟的可控自由基聚合方法。早期研究发现的聚合速率延缓的现象也通过设计合成新的 RAFT 试剂，改变聚合方法等得以实现。在早期的机理研究中，认为活性自由基与中间态自由基的不可逆偶合是导致聚合反应延缓的一个可能的原因，但并不是唯一或核心的问题。本申请拟通过外加磁场的方法来抑制交叉终止，从而调控聚合过程。整体来讲，用如此复杂的方法来解决这一问题显得不够有新意，也不具普遍性。

另外，申请人的主要研究方向也不在 RAFT 聚合，单独开展这样的工作价值不大。

没有资金的支持，外加磁场条件下的 RAFT 聚合反应研究也就在我们实验室戛然而止了。多年时间已经过去，往事如烟。所有经历，无论是高兴还是沮丧，都已经随风飘散。沉淀下来的只有精神的历练和思想的积累，用于满足追求科学的不悔人生。

获得自然科学基金资助是每一位追求科学的基础研究人员的愿望。每年夏季，下一年度的基金申请就已经开始，体现出申请人对自然科学基金的依赖和信任。在缺少重大科学突破的当下，申请基金首先要考虑基金项目的一个基本要求：重要应用牵引的基础研究。这看起来很简单，实际做到却需要深厚的知识和工作积累。只有在认识清楚了研究对象和自身条件的基础上，才能够提出令人信服的研究课题。例如，我在申请"稀土掺杂聚合物光纤材料和性质"项目时，就考虑到要研究对象的潜在应用前景和自己长期从事稀土掺杂聚合物研究的经历。反面例子也有，例如，作为能够精确控制聚合物化学结构的合成方法——RAFT聚合法，正面临着无法工业化的难题。采用管道聚合是一种新的尝试。本项目设想在管道上外加磁场，以加快这种具有慢速特征的聚合反应。无论是从应用前景，还是从基础研究（探索新现象、新规律）来讲，都属于值得开展的工作。但是，由于申请人所在实验室的研究方向并不在此，相关工作积累较少，提出的研究计划很难周全。

　　申请基金的另一要素是要有"关键科学问题"，即对于未知世界的探索一直是评判一项自然科学基金是否值得资助的基本原则：有它，则基金申请会得到重视，轻易不敢否定；无它，则基本上会被否定，并建议申请其他科技攻关类的经费支持。讲起来很简单，实际做到确实需要下功夫。例如，"外加磁场条件下的RAFT聚合反应"的基金申请书中，我明确提出探索外加磁场对聚合反应的影响。这是在结合自己在工作中发现的问题，充分调研了以前工作的基础上提出来的科学问题，具有明确的"探索尚未认识清楚的未知知识及其规律"性质。

　　除了这一基金申请的要素之外，现在国家自然科学基金面上项目的选项之一是另辟蹊径解决问题。"另辟蹊径"需要有工作积累和更广泛的知识积累。由于互联网的存在，"知识积累"显得不那么重要，而"工作积累"就显得格外重要。因为"工作积累"并不是简单地在相关领域的工作时间长短问题，而是在工作中要注重"直面问题"和善于积极思考，提出创新的解决问题的方法，从而为"另辟蹊径"积累经验。例如，"外加磁场条件下的 RAFT 聚合"项目由于"工作积累"不够，未通过评审，仍然具有"另辟蹊径"的特征。一个化学反应中存在的问题，使用已有物理技术加以解决，不仅需要化学与物理进行交叉合作研究，还成为"另辟蹊径"的一种范式。这大概也是现在特别强调学科交叉研究的初衷之一。

"另辟蹊径"已成为基金申请的基本要求之一，是基础研究中一个绕不过去的永恒话题。这里讲"外加磁场条件下的 RAFT 聚合"相关研究工作的故事，除了是一位已经离开研究工作一线的过来人对以往研究工作的回忆，还想抛砖引玉，使得感兴趣的读者能够从中找到触发点，继续尚未完成的"外加磁场下的 RAFT 聚合反应"探索。同时，更希望基金申请者能从中体会到"另辟蹊径"源头出现的过程，创造出自己的，既有"关键科学问题"，又有潜在应用前景的基础研究工作计划。

12　配体——红花仍需绿叶

　　相比其他种类的稀土化合物，稀土络合物具有两种优点：一是与聚合物有很好的相容性，二是分子内的能量传递能够提高稀土离子的发光效率。尽管其他有机化合物与稀土离子之间的能量传递也能够实现，为了能同时发挥这两点优势，稀土络合物是制备含稀土聚合物的最佳选择，而合成稀土络合物之前，首先要决定使用何种有机配体。

——摘自《光子学聚合物》第 36 页

　　如今，稀土的大名已经家喻户晓。主要是因为这一类金属具有重要的应用，已成为各个国家都在争夺的战略物资。实际上，这一类金属原子的体积较大，发现的时间比较晚，不仅对于中小学的学生来说，即便是非相关专业的大学生，学校的课堂上也并没有多少讲授。

　　开始做与稀土相关材料的研究已是在博士毕业以后。当时刚参加工作，没有自己的课题，我就加入了精细高分子实验室，参与做稀土掺杂聚合物的合成工作。当时做出来的稀土掺杂聚合物主要是用于制作防辐射材料和发光材料。

　　稀土原子的可见光能级属于 f-f 跃迁。依据发光理论，主量子数相同的能级属于跃迁禁阻能级，稀土原子本身并不能吸收和发射相应能级的光。只有当稀土作为分子中的组成原子，成为了离子，稀土的能级发生了畸变，跃迁才是允许的，才有可能发出光来。

由此可见，稀土发光的效率与稀土周围其他原子的相互作用有着紧密的关系。刚开始做稀土掺杂聚合物时，掺杂物是稀土有机盐分子，发现掺杂材料的发光比较弱。在这种分子中，稀土离子以阳离子状态存在，虽然能够发光，但是强度不够高。类似的例子还有稀土掺杂玻璃光纤：在掺铒光纤放大器中使用的掺铒光纤需要几十米长度，主要就是因为直接泵浦铒离子发光的效率不高。

不同于普通稀土掺杂聚合物，制作稀土掺杂聚合物光纤放大器材料的时候，发光效率是至关重要的问题。作为制作放大器的放大介质，效率越高越能节约成本，也方便制作器件。可是在光纤这种材料中，激发光的强度本身就低，如何能得到高强度的发光呢？

稀土离子带有正电荷，是阳离子，能够和阴离子形成满足电荷匹配的离子键。除此之外，由于稀土离子体积较大，通常还能够与带有极性功能团的其他分子配位，形成配位键。通过配体的结构设计，可以获得一种非稀土直接吸收光的发光过程。配体分子能够首先吸收激发光，然后通过配位键传递给稀土离子的相应能级，再进一步激发稀土离子的发光过程。不要小看这样的能量传递过程，它能将稀土离子的直接发光效率成倍地提高，是稀土掺杂聚合物发光材料的优选材料。稀土络合物（带有配体的稀土化合物）的合成则成为新进实验室、拟将开展稀土掺杂聚合物光纤研究学生的必修技术。

$$Eu_2O_3+6HNO_3 \longrightarrow 2Eu(NO_3)_3+3H_2O$$

$$Eu(NO_3)_3+3TTA \xrightarrow{NaNO/EtOH} 3NaNO_3+Eu(TTA)_3 \cdot 2H_2O$$

$$Eu(TTA)_3 \cdot 2H_2O+Phen \xrightarrow{NtOH, backflow} Eu(TTA)_3 \cdot Phen$$

稀土络合物是一个球状分子。上部图所给的是络合物和各种配体化学结构图。可以将稀土离子（图中以铕离子为例）看成红花，而周围的配体可以看成是绿叶，特别是第二配体的作用，对稀土发光的贡献较小，主要用于避免对稀土发光有淬灭作用的分子，例如水分子，接近稀土离子，对稀土离子的发光起到保护作用。我们实验室研究了含有不同第二配体（上部图中所示）的稀土络合物发光，发现除了保护作用以外，对含有不同第二配体的稀土络合物的发光也略有影响。主要是第二配体的分子体积不同，对稀土络合物分子的内部空间有不同的作用，影响到第一配体向稀土离子的能量传递。下部的图给出了稀土络合物合成路线的化学方程式。过程并不复杂，作为基本技能要求，我们实验室每一位新来的同学都要合成稀土络合物。其中较为困难的是第一步：由稀土氧化物制备稀土硝酸盐。原理很简单，操作起来需要小心加热稀土氧化物的硝酸溶液。因为稍不注意，加热过了，硝酸挥发，已经形成的硝酸盐又会回到稀土氧化物。好在困难是在于操作者是否能静下心来。经过一段时间锻炼后，每一位新同学都能掌握这一合成技术。更重要的是，同学们的这一经历给他们带来了科研工作经验：技术问题都不是问题，熟能生巧。

每一位新进入光子学聚合物实验室的研究生，都会遇到老师提出的这些问题：你喜欢哪一门课程？特别是中学阶段，是喜欢数学，还是物理、化学？那一门课的成绩最高？光子学聚合物实验室的研究工作面很宽，怀有各种不同兴趣的同学都能找到满足自己爱好的工作。实验室之所以这样安排，固然有实验室的研究工作具有很宽工作面的客观条件。更重要的是，科学研究工作是一种极为严谨，同时也是极为单调、孤独的个性化工作，简单靠好的工作环境来激励还是不够的，关键是个人要有兴趣，并从工作中找到自己的乐趣。从学生一进入科研工作就帮助他了解这一点，并亲身体会这一点，对于培养学生成为能够独立开展科学研究的人是十分必要的。

当然，事情的发展总会有个例。一位新进我们实验室的学生选择了开展稀土掺杂聚合物光纤研究的工作。这项工作的基础性技术就是合成稀土络合物。令人吃惊的是这位同学在学习这项技术的同时，很快完成了不同第二配体（络合物中不带电荷，仅靠极性基团进行配位的分子）对稀土络合物发光影响的研究论文。这一工作的完成体现出这个学生极具研究天赋。在论文发表后，我建议这位学生继续读博士学位，争取成为能够独立开展科学研究工作的博士毕业生。更令我吃惊的是，这个建议被拒绝了。这位同学简单说了他的情况，希望能够尽快进入社会工作，成为商品大潮中的弄潮儿，尽快使自己和家人脱贫致富。听到这里，我既意外、同情，也很无奈。没有人能够不考虑生活现实，只能祝福他硕士毕业后能找到满意的工作。事后证明他的选择没有错，他很快在市场经济中获得了收获，成为我们实验室毕业生中第一位回校建立奖学金的同学。

　　读博，还是就业？现在已经成为每一位要考研究生的学生都要面对的问题。随着这种情况越来越多。我也尽量给学生说明教育的目的。很多人上大学后，都不明白为什么要上大学？为什么选择读书学习这条路？个人的经历告诉我，中小学只是学习到百年前的自然科学知识，是一个普通社会人所必须掌握的。而上大学后，学生将接触到近百年来最新的知识，是掌握当代高新技术所必须的知识。没有这些知识，你只能站在百年科技进步之外，从事百年科技之前的工作。而进入研究生学习，则会将你带进当今科学发展的前沿，所学知识已经能够帮助你进入先进的科学技术领域。这从研究生毕业时所获得的评语中就可以看出。对于一位硕士毕业生，评语中一定会给出"能够从事相关专业的科学研究工作"。对于博士生来讲，这句评语则变为"能够独立从事相关专业的科学研究工作"。两句评语相比较，后一句增加了"独立"二字。不要小看这样的变化，预示着博士毕业具有更宽的就业领域和可能成为科研团队领导的潜力。鉴于这种情况，对于具有才华和家庭条件允许的同学，我都建议读博士学位，完成完整教育体系的培养，成为社会领导者的后备人选。人生应该是这样：前30年学习，后30年工作，然后进入退休生活。退休后能否过好自己的生活，在于你前60年的学习和工作。在学生阶段，就应该认真对待自己的学习。因为，一旦错过，想再找时间学习，也只能是加入终身教育系列，想再进入年轻时可能进入的、完整的国民教育体系的学习，绝无可能。

　　一位有自己想法的学生走了。不管是理解还是无奈，这种现实也不得不接受。他所完成的研究工作也难以继续。这不是因为合成络合物的技术有多难，而是天生的研究工作思路就此断了。换一位同学继续开展这方面的工作，虽然基本技术还是这些，所考虑的研究对象和内容会有千差万别。放开来想，对我们实验室而言，就是这位同学读完博士，同样的事情还是会发生。因为"铁打的营盘，流水的兵"，学生终归是要毕业，一位学生的工作只能是丰富实验室研究课题的内容，而不可能完整地替代项目研究工作。

前面提到稀土离子的体积较大，除了阴离子配体的配位以外，还需要与其他额外分子的极性功能团形成配位键。如果将发光的稀土离子看成一朵花的话，配体就像绿叶一样给这朵花增添了美观。这一美景不仅来源于红花的艳丽（稀土的丰富能级），更是来源于绿叶的衬托（配体的强吸收光能力）。不要小看绿叶的衬托，如果绿叶发黄，就会给稀土络合物发光带来效率降低。就不同第二配体对稀土络合物发光具有不同影响而言，一个极端的例子就是：当水分子作为额外配体时，则稀土络合物的发光会淬灭。这是一个尚未完全认识清楚的事情：多数人认为是水分子的振动和极性造成的影响，但是相关的实验证据缺失。从原理上讲，水分子确实具有较有机配体强的极性，而且水分子体积较小，都能从原理上支持这一认识。但是，究竟是怎样影响的？没有证据。一个客观原因在于水溶性的稀土络合物很少，使得这样一项研究很难进行。

在光子学聚合物实验室，稀土络合物的合成是每一位将要进行稀土掺杂光纤项目的同学必修的基本实验技能。新来的学生重复着基本技能的学习，将要开展研究的问题却是他们自己感兴趣的内容。一位新来的同学的课题设计是制备水溶性稀土络合物，考察水分子对稀土络合物发光的影响。这个设计中，将配体做成具有水溶性长链（聚乙烯醇）尾巴的结构，这种长链结构会保证有机的稀土络合物可以溶解在水中。因为水分子会通过氢键与长链发生配位，将稀土络合物拉扯进水溶液中。合成实验有难度，最终还是成功了。并且通过测试发现：当稀土的有机配体拖着亲水长链尾巴时，随着温度上升，水与配体的相互作用（氢键）就会变弱，长链尾巴发生塌缩，造成配体与稀土离子之间的距离变大，发光强度随之变弱。完成这种水溶性稀土络合物的合成和测试表征研究，不仅获得一种水溶性稀土络合物，还为发展新型温度传感材料奠定了基础。

　　上面的故事一再说明：科学的驱动力之一在于对未知的好奇心，这既可能来自天赋，也可能是在科学研究中不断养成的。无论如何，要完成一项有创意的科学设计，好奇心都是必要条件。学生到学校来读研究生，贵在要有好奇心。现实研究生招考过程中，学生来源有两种：一是直读，即是从优秀本科生直接录取。优秀本科生能够在了解学校老师科研内容后还选择读研究生，主观上有好奇心、想继续学习的成分很大。二是考试录取。通过考试来的同学很努力，虽然对于老师的研究了解很少，却通过努力，在研究生入学考试中取得优异成绩。在面试学生的过程中，考来的学生通常会掩饰自己的弱项，强调自己对老师的研究领域很感兴趣。听到这样的自我介绍，我就对学生说：你说对实验室的研究领域很感兴趣，是否能告诉我，除了你上课用的专业教材以外，你还读过哪些与专业相关的书籍？多数是回答不上来，表明这个学生的主要精力放在了考试上，好奇心只能在今后的研究工作中慢慢培养。

当然，除了主观条件，现实研究生教育的条列中也有时间限制，需要研究生在规定的时间（硕士三年，博士三年，硕–博连读五年）完成学业。当一位学生从完全不了解课题内容开始，再学习研究工作所需要的技术、理论和研究方法，最后完成一项能够发表论文的工作，时间已是相当紧张。如果没有自己的好奇心驱动，这个读研的过程将会很辛苦，很多研究生被迫延期，造成很多现实问题。

获得一个超现实的、问题为导向的科研环境是一种理想。如何无限逼近这一理想环境则是科研管理应该考虑的问题。现在提出不以论文为考核的方法，显然超出了现实。要知道正是在这种考核论文的背景下，国内论文才获得世界上数量第一的"荣誉"。"不考核"的方向是对的。关键在于具体工作时要结合具体情况围绕这一目标提出具体的解决方案。例如，对于进行基础研究的单位，不发表论文是不可以的，但是对于一位具体的研究生，则应该由导师根据学生的具体情况来决定是否需要发表文章。特别是对于时间特别紧张的硕士研究生来说，更应该如此。同时，对于真正的创新研究还应该辅以其他相关政策。例如，对于有能力的研究团队要辅以固定的、少量的研究经费，保证研究目标能在这个团队坚持进行下去。同时，再辅以博士后政策，使得研究工作能够持续，获得科学和技术积累，推动科学发展。正如稀土络合物的发光一样，不仅要有红花（发表的论文），还要有绿叶（持续积累）的帮衬，才能够获得科学研究的繁花似锦。

13　分辨率——眼界的精细度

　　近场扫描光学显微镜（near-field scanning optical microscopy, NSOM），已经成为一种用于材料研究的、有效的光学观察仪器。已有的实验结果表明，NSOM 具有纳米尺度的空间分辨率，而且保留光学观察的特点：能够同时得到物象和透过光谱。

——摘自《光子学聚合物》第 39 页

　　出生之时，人最初感受到光的器官是眼睛。这时，人的眼界受到自身器官的限制，只能够感受到波长范围在 400~800 nm 之内的可见光。自然光（太阳光）给出的波长范围比这个范围要宽得多，可惜人体自身的感光器官无法感觉到。波长更短的紫外光，由于能够打断一些化学键，会造成人体伤害，是需要极力避免的。波长更长的光，则能够在人体组织发生散射等过程，会转化为热能。这也是人们在晒太阳时感到温暖的原因。利用这一点，使用红外灯照射人体的某些部位就会"加热"这些部位，起到活血作用，减轻一些病痛。

　　当孩子长大了以后，有了视觉上的要求。看得远和看得清楚就是一个最基本的需求。值得注意的是，这里"长大"的含义：每一个人都会不同，都有自己的具体生长年龄。每当看到很多孩子排长队去治疗"弱视"时，常常担心这个"长大"是否被每位家长和医生确定。一个历史事实是，我们这一代小的时候，没有见过这种排长队，也没有见那时的孩子长大后有多少患上"弱视"之疾的。没有"长大"的孩子就是指各种器官还没有成熟，轻易不要用药。一定要在医生确证之后，再进行合理的治疗。

感光器官成熟后，一个正常的感光器官仍然存在两个问题：一是看物体的远近问题。同样一个物体，离得近的，看起来就大，离得远的，看起来就小。这个人人熟悉的生活现实，有人问过为什么吗？这是人的感光器官——眼睛，存在一个视角的原因。在人的眼睛中，水晶体就像一个凸透镜，通过瞳孔进入水晶体的光线先达到视网膜，再进入大脑的成像系统。由于物体远大于瞳孔，从瞳孔中心对物体的张角叫做视角，而视角的大小决定视网膜上物体成像的大小。同样高的两棵树，离眼睛近的那棵树，它的视角比远处那棵树的视角大，在视网膜上所成的像就比较大，相比较而言，远处的树，视角小，所成的像就比较小。值得指出的是，当物体离得太近或太远时，人眼也会看不清楚。这是状似凸透镜的水晶体造成的。眼睛想要获得清楚的成像，需要水晶体根据物体的远近来调节曲率。当眼睛里的肌肉完全放松时，水晶体的两个曲面的曲率半径最大，这时，若远处物体能在视网膜上成像，这个物体到眼睛的距离就被称为远点。如果物体在远点之外，人眼就看不清了。当物体接近人眼时，为了能看清物体，人眼必须调节水晶体，挤压水晶体使水晶体曲率半径变小，以使物体能在视网膜上成像。当物体拉近到一定距离时，曲率半径已不可能再变小，此时该物体到眼睛的距离就被称为近点。若物体到眼睛的距离比近点还短，人眼也会看不清该物体了。正是因为这个原理，从小就受到教育：看书一小时左右，就要休息一下。因为看书时，眼睛视物的距离不变，为了保持水晶体的曲率，相连肌肉一直处于紧绷状态，时间长了难免过分疲劳，造成肌肉痉挛，从而导致近视的发生。同理，在晃动中阅读，如在行走的车、船上读书，由于晶状体始终处于不断调节状态，也会导致视觉受到伤害。

正常眼睛会遇到的第二个问题是分辨率问题。分辨率又分为动态和静态两类。对于动态，由于视觉暂留的存在，人对流动图像的分辨率要达到每秒 10 帧以上。现在的影视作品多是采用每秒 24 帧的播放速率进行播放，图像看起来才是连续变化的。

静态的分辨率涉及光的衍射。光的衍射是指点光源经过一个完美无缺的光学系统后形成的像不是一个点像，而是一个衍射斑，称为 Airy 氏斑。由此造成的肉眼在明视距离条件下，能够分辨两物体的最小距离在 0.1 mm 左右。

对于希望看清微观世界的人类来说，这个分辨率是太低了。如何克服衍射，获得分辨率更高的观察，一直是科学、技术界的追求。最早是借助显微镜。通过选用比水晶体具有更大数值孔径的透镜系统，光学显微镜能够分辨两物体的最小距离降到 0.2 μm 左右，比肉眼观察的分辨率提高了近 3 个数量级。

数值孔径不能无限放大。根据计算分辨率的方法，继续提高分辨率只能寄希望于用于观察的光源上。光学显微镜所用光源为可见光光源，波长范围处于 400~800 nm。波长更短，而且能够穿透很薄物质形成衍射的电子束进入了人们的视野。采用电子束作为光源的透射电子显微镜可以将分辨两物体的最小距离降到 0.2 nm 左右，又使得分辨率提高了近 3 个数量级。

人类迫切了解微观世界的愿望使得追求完美观察手段的步伐一直不停地向前。电子显微镜的分辨率足够高，技术也已经商业化，在材料、物理、化学和生物领域都发挥着巨大作用。然而，电子显微镜的一个明显不足在于使用的光源是电子束，对样品的要求较高，很难用于在分子水平上直接观察活体细胞。

在 20 世纪 90 年代的一个简单实验得到了一种解决方案。实验很简单：利用物质中不同能级所具有的亚稳态寿命不同，先后产生的荧光可以用来"以光制光"。先激发物质产生一个荧光光斑。这是一个衍射光斑，大小会超过荧光波长的一半。然后再激发物质产生另外一束环状的光来"叠加包围"原有的光斑。这样，原有的光斑的外围部分会得到削弱，我们看到的就是比原有光斑更小的点，使得被观察光斑的分辨率得到提高。采用这种方法的光学显微镜，分辨率可以达到 30~50 nm，可以清晰地看到细胞内部的微管。虽然分辨率达不到电子显微镜的水平，仍然高于光学显微镜 1 个数量级。这一方法不仅打破了光学显微镜的理论衍射极限，还由于激发光源和所发出的荧光均处于可见光范围，能够方便地用于活体生物样品研究。这一技术上的突破，获得了 2014 年诺贝尔化学奖。给三位获奖者——美国科学家埃里克·白兹格、美国科学家威廉姆·艾斯科·莫尔纳尔和德国科学家斯特凡·赫尔的颁奖词为：

光学显微成像技术的最高分辨率一直无法超过光波波长的一半，但是借助荧光分子，这三位科学家开创性的贡献使得光学显微成像技术的极限拓展到了纳米尺度。

在这样一个不断扩大视野的追求中，还有很多不同形式的显微方法，在实际应用中体现出各自的特点。近场扫描显微镜就是一个很好的例子。

光子学聚合物实验室发展的各种材料之一就是稀土掺杂聚合物材料。在可见光条件下，用肉眼观察材料时，材料是完全透明的。材料中是否有小于可见光波长的聚集体，用肉眼甚至是普通光学显微镜是观察不到的。扫描电子显微镜只能观察表面形貌，对于材料内部无法观测。透射电子显微镜则需要专门制作样品。制作过程中，选择材料的切割位置很重要。一旦切到样品的空白区（掺杂量少，没有稀土的区域），实验结果就可能造成误判。既要不破坏材料，又要能够扫描较大区域，只能选择近场扫描显微镜。

近场扫描显微镜是利用光纤探针观察材料表面的倏逝场，能够在 50 nm 的分辨率条件下，确定材料中凝聚体的尺寸。由于样品表面倏逝场的垂直强度分布只有波长尺度，即在远离界面 1~2 个波长的位置，强度降为零，故常称为倏逝波，或倏逝场。相应地，这种观察常称为近场观察。近场显微镜使用光纤探针在样品表面（也是两种不同折射率材料的界面处）的低折射率一方进行近场观察。由于倏逝场的性质与界面处的物质形貌相关，例如，倏逝场强度与界面处样品的电子密度和厚度相关。对比倏逝场强与透射光强两者的强度，可以获得材料的凝聚态信息：一致，即厚的地方光弱，薄的地方光强，说明材料均匀，专业上称为均一相态；不一致，即界面的厚度与倏逝场强度不一致，则说明材料具有不均匀的性质，具有特定的凝聚态结构，专业上称为非均相。对于复合物来说，材料常常具有不均匀性。要确定材料中是否存在聚集体，则需要实验观察加以确认。近场显微镜提供了分辨率为 50 nm 的实验观察方法。

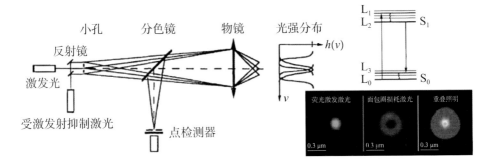

2014 年获得诺贝尔化学奖的光学显微成像技术源于 1994 年（Optics Letters, 1994, 19（11））发表的 STED（stimulated-emission-depletion）技术。STED 的原理可以理解为利用不同能级的荧光来"以光制光"。首先使用一束激发光将样品从 L_0 激发到 L_1，再弛豫到亚稳态 L_2。再启用第二台激光器。第二台激光器 (STED laser) 的光束分为两束，与来自第一台激光器的激发光有一定量的水平位移，保证激发点处于原激发点的周围（加面包圈）。来自第二台激光器的激光的另一作用是诱导产生 L_2 至 L_3 的受激发射（红光），保证在 L_2 至 L_0 的荧光（绿光）发射时会得到红光的覆盖。从照片中可以看出：两种光的重叠部分产生黄光，使得绿光的发射点变小，看到的就是绿色的更小聚焦点，这样就会提高分辨率。采用这种方法的光学显微镜，分辨率可以达到 30~50 nm，可以清晰地看到细胞内部的微管。

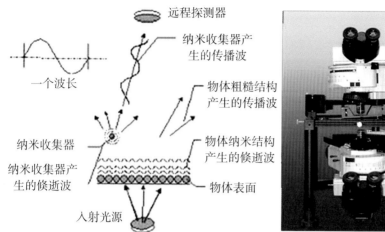

物体表面场的分布可以划分为两个区域：一个是距物体表面仅几个波长的区域，称为近场区域；另一个是从近场区域起至无穷远处的区域，称为远场区域。人们在一个世纪以前就意识到近场的存在及其复杂性：它的特征是"依附"于物体表面，强度随着离开表面的距离增加而迅速衰减，不能在自由空间存在，因而被称为倏逝波，或倏逝场。左图是近场检测倏逝场的原理示意图，其中的纳米收集器在近场显微镜中则为光纤探针。右图是一台商用近场扫描显微镜（c21906）的照片。目前，商品化的近场扫描显微镜已经面世，很多实验室都已装备有这一微观世界的探测者。

近场显微镜用于聚集态的表征很有特点：制样容易，可以大面积扫描，极易发现 50 nm 以下的聚集体，等等。在制备得到稀土掺杂聚合物以后，由于掺杂量低，很难找到合适的观察工具。在中国科学技术大学校内精密仪器系的实验室里找到了自制的近场扫描显微镜，很快就完成了稀土掺杂聚合物的凝聚态观察。结果确实是没有大于 50 nm 的聚集体，保证材料在可见光范围是完全透明的。

就分辨率而言，近场显微镜并不是分辨率最高的方法。但是，在具体的实验过程中，需求工具时常常是寻找最合适的。

使用近场显微镜就是看到这种方法，方便、实用。然而，在没有商品化设备之前，这种设备并不容易找到。中国科学技术大学精密仪器系是一个立足精密仪器相关技术前沿，发展相关方法和设备的工科学系。没有想到一经联系就找到了想要的设备和使用方法。这个故事再一次说明：对于一项创新性研究而言，学科交叉又是多么的重要。

在科学研究中，需要各种新技术的运用，科学与技术，两者是相辅相成的。现在很多研究都是使用商用仪器设备。这在基础研究中是有不足之处的。中国科学院化学研究所的钱人元先生曾经说过：没有自己设计的仪器设备，研究聚合物物理是没有意义的。因为商用仪器的出现，说明与仪器相关的物理原理早就研究过了。再用这种仪器设备来研究物理，只能是步别人的后尘，进行二流的研究工作，而基础研究是没有"第二"地位的。即使使用近场显微镜表征稀土掺杂聚合物的工作算不上物理研究，看到近几年商品化近场显微镜普及后，也很感慨前沿技术在科学研究中的重要性。

值得感慨的还有这个故事中科学与技术的合作。尽管开展交叉合作已经深入人心，实际开展起来却有很多困难。

大的方面涉及知识产权的归属，特别是不同法人单位之间的合作。对于一个科学问题的发现，第一单位是最重要的。由于第一人难于确定，很多重要发现痛失诺贝尔奖的例子已有报道。更为普遍的问题是，国际上通用的各种科研成果的统计都是以第一单位为准。如果两个不同法人的单位进行合作，成果归谁就是一个问题。另外，不同领域的研究单位通常不会在一个院内。特别是专业的研究所，一个研究所就是一个大院，专业人员走出大院的机会是一个小概率事件。

小的方面则涉及文章发表时作者的署名。统计论文作者时，需要合作双方进行协商。对于不同学科之间的合作，则是非常麻烦的事情。光子学聚合物实验室的做法是：

一、对于不同课题组想合作项目，两个课题组各自派出一位学生参加，各自负责自己学科方面的科学研究，为了一个共同目标做各自领域的研究。

二、对于所获得的新结果，不同学科从不同角度去认识，各自作为第一作者来完成研究论文。

实践下来，光子学聚合物的研究得以顺利进行，说明这是进行交叉领域科学研究的一种可行方法。

上述具体方法只是临时想出的解决办法。在科学技术快速发展的今天，科学的飞速进展正在促使现有学科设置向交叉学科转变。在科学研究的前沿领域，已经提出科学研究内容要按照能源、环境、材料、信息、生命等交叉领域来分类。这种科学研究中的"眼界的精细度"会是未来学科建立和发展的出发点，也会成为建立创新型社会和培养复合型人才的着眼点。

14   聚集——物以类聚

采用共混方式制备的稀土掺杂聚合物的发光强度通常会比采用共聚方式引入稀土络合物的稀土掺杂聚合物的发光强度低，主要是共混过程中无法排除少量聚集导致的。

——摘自《光子学聚合物》第 41 页

"相似相容"常用于形容相同或相近结构的分子喜欢聚集在一起的现象。最简单的例子就是：当一种溶液的浓度过高时，相同结构的溶质分子就会相互接近，形成晶体或者聚集体，最终从溶液中沉淀出来。就是这样一种现象给物理、化学、生物等学科领域带来丰富的内容。

回想稀土掺杂聚合物的制备过程：首先将稀土络合物溶入小分子单体形成的溶液，然后引发小分子单体进行自由基聚合。在室温下，产生的稀土络合物和聚合物的混合体为固态。这个过程结束后，整个体系转变为由稀土络合物和聚合物形成的"固体溶液"。相对于小分子单体，聚合物对稀土络合物的相似性较小，在所形成的"固体溶液"中，稀土络合物与聚合物之间会出现轻微的不相容，即发生聚集。

使用近场扫描显微镜来观察稀土掺杂聚合物的凝聚态，就是想看看稀土络合物在材料内发生的聚集情况。如果发生聚集，稀土络合物的发光会减弱，因为聚在一起的稀土络合物之间会发生能量传递，使得激发光赋予稀土络合物的能量没有用于发光，而是在相互传递过程中消耗掉了。这当然是制作发光材料要尽量避免的事情。存在稀土络合物聚集的情况下，多大掺杂量能够获得最大发光效率，是制作一种新的发光材料首先要确定的事情。

另外，稀土络合物形成的聚集体如果过大，还会影响材料的透明度，这在光子学材料领域更是首先要考虑的问题。通常，材料看上去是透明的，这时不能简单认为材料是没有光传输损耗的，因为小于传输光波长的聚集体会造成传输光的散射等损耗。对于特定波长的传输光而言，也需要确定聚集体的大小和在材料内的分布，以便分析是否存在光在聚集体之间传输时发生损耗。由此可见，使用近场扫描显微镜来看一看稀土掺杂聚合物中的稀土络合物的聚集体大小和聚集体分布情况就很有必要了。

稀土络合物会聚集，聚合物本身也会聚集。有些聚合物会形成小的结晶，例如聚乙烯、聚丙烯等。完全没有结晶的聚合物是有机玻璃（聚甲基丙烯酸甲酯的俗称）。选择光子学材料的基材时，选用最多的是有机玻璃，其次是聚苯乙烯、非晶态聚碳酸酯等。用于制作光纤芯的聚合物常选用有机玻璃作为纤芯材料，而包层材料会选用由氟原子部分取代氢原子的有机玻璃。通过氟代，有机玻璃的折射率会略有降低，满足光纤波导对包层材料的要求。掺杂的稀土络合物分散在有机玻璃中，稀土络合物的聚集体尺寸要小于传输光的波长，聚集体之间的距离则要大于传输光的波长。前者与稀土络合物和有机玻璃两者的聚集能力相关，后者与掺杂浓度相关。稀土络合物掺杂聚合物的发光效率取决于稀土络合物之间的距离，因为距离是稀土络合物之间能量传递的关键参数，而这种能量传递会消耗受激稀土离子的能量而未能用于发光，造成发光效率降低。由此可见，理想的最佳掺杂浓度是聚合物中没有聚集体，独立的稀土络合物分散在聚合物中。在具体研制稀土掺杂聚合物光纤的过程中，确定稀土络合物的最佳掺杂浓度是一个试错过程。在大量和繁复的实验过程中，能用到方便的检测仪器是关键。这也是在使用了各种显微仪器后，最终选择近场扫描显微镜作为检测仪器的原因。

稀土络合物的中心原子是稀土金属离子，形状是圆球形。周围由有机配体配位后，整个络合物仍然保持圆球形。当这些分子聚集在一起形成聚集体，大体的形状仍然是圆球形。这就提出了一个问题，如果聚集分子不是圆球形，而是棒状分子，聚集会对分子的光学性质有什么影响？这不仅是一个科学问题，也是在实际工作中遇到的一个现实问题。

反式偶氮苯分子是一个典型的棒状分子。反式偶氮苯分子的轴径比大于4，使得它成为一个液晶基元。也就是说，这种长棒状分子聚集在一起会形成液晶相。这个性质使得偶氮苯分子成为众多实验室的研究对象。其中最初受到关注的问题就是偶氮苯分子聚集后的光学性质。由于常用的偶氮苯分子不发光，所以，关注点集中在聚集体的吸收光谱上。

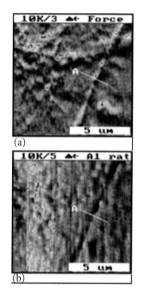

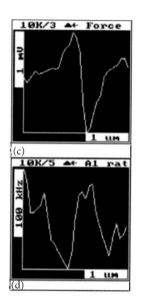

近场扫描光学显微镜（near-field Scanning optical microscopy, NSOM），已经成为一种用于材料研究的、有效的光学观察仪器。图中中部是我们实验室自制的一台近场扫描显微镜的照片。使用这台显微镜扫描样品可以得到图中左部所示照片。扫描路径为照片中 A 所示路径。照片（a）中的明亮程度代表表面形貌的高度：亮度越大，形貌高度越高；而照片（b）所示透射照片正好相反，亮度大的区域表明表面形貌高度较低，透过光的强度较大。使用计算机处理图形，用软件沿直线 A 所取的数据如图中右图所示照片。图中横坐标表示距离，纵坐标分别是检测器给出的代表表面高度的电压数值和代表透射光强的光子计数（1 Hz =1 Photon/s）。从图中能够较明显的看出：图（c）的距离分布曲线的形状正好与图（d）的距离分布曲线的形状相反，高、低对应分布。表明进场观察 A 线所处形貌均匀，没有聚集。

　　棒状分子的聚集不同于球状分子的聚集，常使用两个棒状分子的轴间角来表征聚集程度。以偶氮苯为例，极端的聚集状态有两种：一是头尾相接，两个分子处于线形连接，即两者的轴间角为 180°，这时，偶氮苯的吸收能级较小，处在较长波长位置。这种聚集称为 J- 聚集。另一种是两个偶氮苯分子平行排列，两者之间的轴间角为零，这时，偶氮苯的吸收能级较大，处在较短波长位置。这种聚集称为 H-聚集。通常情况下，偶氮苯分子的聚集处于两种极端情况的中间状态。相应的宏观材料则具有稳定的吸收光谱和一个最大吸收波长位置。

每当偶氮苯分子的聚集状态发生变化时，稳定的可见光吸收光谱也会发生变化。当偶氮苯的最大吸收位置移向短波长（蓝移）时，说明聚集体中 H-聚集的成分在增加；当偶氮苯的最大吸收位置移向长波长（红移）时，说明聚集体中 J-聚集的成分在增加。这样一种光吸收性能够帮助了解偶氮苯的聚集情况。

在通常情况下，偶氮苯为相对稳定的反式构型，是棒状结构。在光照条件下，反式吸收光能量，成为能量较高的、不太稳定的顺式构型，而顺式构型的偶氮苯是球形结构。可见，这样一个光照造成的构型转变会造成偶氮苯聚集体的变化。宏观上，可以通过偶氮苯的吸收光谱变化来监测这一变化。

偶氮苯聚合物将偶氮苯的聚集性质和聚合物的聚集性质通过化学键结合在一起，给偶氮苯聚合物带来了一个有趣的现象：偶氮苯倾向于聚集在一起，聚合物也倾向于聚集在一起，结果将偶氮苯聚合物小心地进行聚集实验（大分子组装）就可以得到宏观尺寸的组装体。真是应了出自《战国策》的一个典故："物以类聚，人以群分。"也给聚集体研究开辟了一个新的研究分支。最为有趣的故事则是将氢键与偶氮苯的聚集结合起来制作新材料。这种新材料因为偶氮苯聚集体的取向度高，能够实现四维光存储，将 DVD 光盘的存储密度提高了 20 多倍。这一双偶氮聚合物的聚集特点可以从下图看出。

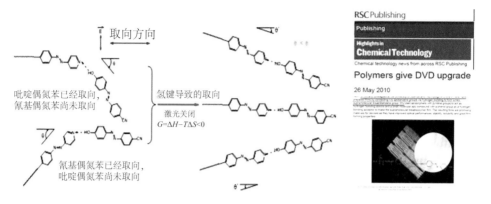

双偶氮聚合物由侧链型吡啶偶氮聚合物（pAzopy）与羟基偶氮（AzoCN）通过氢键组装形成。在光致取向过程中，这种双偶氮聚合物的分子相互作用紧密相关，即双偶氮苯聚合物中两个偶氮苯单元之间会出现协同效应。这种协同效应的示意图中左图所示：当光照停止的时候，两个氢键相连的偶氮苯单元可能只有一个发生了取向，即氢键受体发生了取向而给体没有或者给体发生了取向而受体没有。众所周知，氢键是具有方向性的，即形成氢键的原子要处于一条直线上。图中左图给出通过氢键相连的两个偶氮苯基团协同作用的模型。如果这种协同作用起作用，会造成双偶氮苯聚合物的双折射自发地增大。使用激光直写系统在这种高双折射双偶氮聚合物薄膜上刻写存储点，可以获得包含光强、偏振方向和平面二维的四维光存储。存储密度可达 0.93 Gbit/cm^2，这一存储密度大约是普通 DVD 光盘的 20 倍。实验结果一经发表，立即获得国际学术期刊的注意，成其为现有 DVD 光盘的升级版（图中右图）。

除了球状分子和棒状分子的聚集以外，近些年来，一种特殊结构的分子聚集又引起了广泛的注意。这种分子的结构是一种球状，但是，在一定条件下，例如聚集、结晶或其他分子压迫等，结构会变成一种扁平状结构。更有趣的是，在球状结构时，这种分子没有荧光，而聚集后形成的扁平状结构分子则具有荧光。这种现象被定义为聚集诱导发光。这一聚集体性质最令人感兴趣的是：一般分子，例如稀土络合物，聚集会造成发光减弱，而这种分子聚集会造成发光增强。这从逆向思维角度打开了发光材料创新的新路，给创造新材料带来新的研究内容。

这种聚集分子也会给各种应用带来新的内容。例如，将这种分子掺杂在聚合物中，利用它的聚集体发光特性可以测定聚合物的玻璃化转变温度。玻璃化转变一直是聚合物物理中的一个基本问题：理论和实验都证实玻璃化转变不是相变。说它是聚合物链的运动程度变化，又在变化过程中存在一个突变过程。使用聚集诱导发光方法来测试聚合物的玻璃化转变，虽然没有解决这一根本问题，却也给玻璃化转变温度的测定建立了一套新方法。

"物以类聚，人以群分"是人们对世界运行规律的认识。客观规律与现代材料科学一经结合，给材料领域带来许多新的研究内容，相关结果正在扩展材料的应用范围。光子学聚合物的背后正在上演着，必将会继续上演许多类似的故事。

15 稀土掺杂聚合物光纤

—— 交叉研究

选择稀土离子作为荧光中心的一个原因是它们具有较长的亚稳态寿命，这已经在无机光纤放大器的应用中得到充分研究……对于光信号的放大工作直到 2004 年才得以实现……

—— 摘自《光子学聚合物》第 47-49 页

交叉研究是创新的途径之一。创新的具体内容极其丰富，导致各行各业都在相互交叉，强调合作共赢，努力开展自己的创新。科学研究领域尤其如此。在"交叉研究"观念得到普及的今天，要进行交叉研究已经不是问题，如何进行交叉研究才是值得探讨的话题。这里首先讲一个在科学研究中进行交叉研究的故事。

1996 年，我们实验室第一篇关于稀土掺杂聚合物光纤研究工作的文章正式发表。在前面的文字中已经讲到这一项工作的起因：一是有了事先准备的大脑；二是有相关工作的积累；三是处于良好的科学研究环境中。实际做起来，才发现提出交叉的观念还算是容易，真正实行起来，交叉研究还会遇到很多困难。

常言道：万事开头难。提出"稀土掺杂聚合物光纤"概念时，我所在的实验室还只是一个从事聚合物材料合成、表征和性质研究的实验室。在上述基础上，跨越到开展光子学聚合物功能器件制备和性能研究，各方面的条件都不足，包括软件和硬件。

首先是软件方面，有许多新的知识有待学习。进行光子学聚合物的研究，不仅要有聚合物材料方面的知识，还需要具备光子学的知识。由于已经处于职业工作阶段，我只能是边干边学。将稀土掺杂进聚合物拉成丝状并不难，但是要使得这种丝状聚合物具有波导性质却需要相关波导知识和材料设计。通过学习得知，只有具有包层的丝状聚合物才能构成光纤。而要在丝状聚合物外面加上包层，在材料制作上还存在暂时的困难。怎么办？了解到包层的作用是使传输光在包层和纤芯的界面处形成全反射。要形成全反射，需要包层材料的折射率低于纤芯折射率。在这种情况下，选择空气作为包层也是一种可用于检测稀土掺杂光纤性质的方法，尽管使用空气作为包层容易受到环境影响，而且全反射效率并不是最佳。如果在这种不是最佳的条件下能够检测出稀土掺杂聚合物丝就具有稀土掺杂光纤的性能，不是更有说服力吗？于是，在这样的设计思路指导下，实验上采取将丝状纤维架空的做法，尽量减少扰动空气，确实检测到了光纤的荧光输出。这一结果表明已经初步实现了光纤芯材料的制备，为下一步做出真正光纤走出了坚实的第一步。

在材料实验室环境下，学习相关知识，设计和完成上述实验都在通常研究工作范围之内。如果想进一步检测稀土掺杂光纤的放大性能，就无能为力了。这不仅需要进一步学习与有源光纤性能的相关知识，更重要的是缺少进行相关性能研究的试验设备（硬件）。这一点在这一课题研究的初期尤为突出。

一个化学、材料领域的实验室通常不具备光纤性能测试需要的设备。具体到稀土掺杂光纤的工作，要证明这种光纤具有光放大的潜质，仅仅有荧光性质测试还是不够的。一个最基本的测试就是光纤的放大自发辐射性质的测试。这一测试需要一台功率可调的激光器，而这样一台激光器在20世纪90年代价格还是比较高的，在实验室中并不常见。即使是与我们合作的物理实验室也没有找到合适的激光器。工欲善其事，必先利其器。为了找到合适的激光器，这一工作拖了很长时间。最后还是在物理实验室的合作单位找到了这样一台激光器，完成了这一篇文章的工作。

文章很快就获得了发表。实验结果也表明，制备的稀土掺杂聚合物光纤具有放大自发辐射性质，这给继续制作更高效率的稀土掺杂光纤材料奠定了基础和指明了改进的方向。

科学工作总是在不断探索中前进。虽然这一篇论文报道的工作没有明显的实用性，确实明确了现有结果中存在的问题：一是效率不高；二是荧光波长与通常塑料光纤采用的信号光源的波长不一致；三是使用了易受到周围环境影响的空气作为光纤的包层材料。类似问题是任何一项交叉研究都会遇到的具体困难。鉴于具体内容过于专业，在此不做详细讨论。但是，其中反映出科学研究中一般规律的现象值得一提。

在研究生的学习过程中，总有同学抱怨，说实验条件不够，实验结果不理想，没法发表论文。在现阶段，发表论文是研究生毕业的硬性要求。实际上，发表论文不是科学研究的目的，也不是只有正面结果才能够发表论文。科学实验总是阶段性的，只要有结果，无论是正面（成功）或是负面（失败），甚至还存在很多条件不足，对于实验工作都需要反复研究、认真总结，并用文字记载下来，存入人类知识库中。在科学探索中千万不要小看那些不符合自己期望的结果，很多重大发现都是这些意外的现象所产生的。即使没有产生重大发现，这些新认知在人类的探索工作中也值得记录，供后人在探索工作中参考。在这种思想的指导下，我给学生最为强调的信条就是：在所给研究方向上，最值得看重的不是毫无意外的实验结果，而是实验结果的可重复性，以及对实验结果的分析和总结。实际上，只要你的研究方向正确（这通常由导师决定），无论你的实验结果如何，只要是可重复的实验，背后一定有相关知识和规律，值得加以深入讨论，从中获得新知识和新规律。这样的认识过程用文字总结起来，就是一篇研究论文，值得发表。

在这样的实验室环境下，稀土掺杂聚合物光纤的研究工作逐步深入。直到 2004 年，一篇《铒络合物掺杂聚合物光纤的光放大》论文的研究工作才得以完成，并在专业领域具有影响力的学术期刊上发表。完成这一工作的背后，也有两个有趣的小故事。

第一个故事仍然是有关光源的试验设备（硬件）问题。进行光放大实验的必需设备条件是两台激光器，一台作为泵浦源，一台作为信号源。在当时的条件下，一个实验室内有两台激光器的还是很少的。一般物理实验室能够有一台就已经算是有很好实验条件的实验室了。没有办法，只好在校园内到处寻找。好在"功夫不负有心人"，最后终于在学校的激光化学实验室找到了这样的条件。不过，这么好的条件，实验室本身工作就很忙，仪器的利用率100%，根本没有时间安排我们的实验。通过长时间的沟通，最后利用激光化学实验室处理数据的间隙，给我们实验室安排了一个星期的实验时间。短短的一周时间内，实验室的学生可以说是连天加夜，最后终于拿到了稀土掺杂聚合物光纤的放大实验数据，说明所设想的稀土掺杂聚合物光纤具有进行光放大的可能性，为这种新材料进一步发展成为光纤放大器奠定了实验基础。

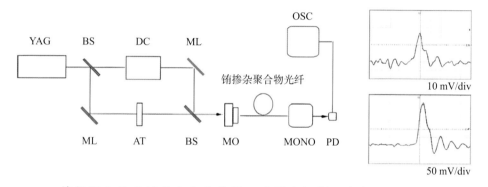

掺铕聚合物光纤放大实验装置示意图（左图），其中 YAG：Nd:YAG 激光器；BS：分束器；DC：染料激光器；ML：反射镜；AT：衰减器；MO：显微物镜；MONO：单色镜；PD：光电二极管；OSC：示波器。在这样的实验条件下，最为困难的事情就是如何将泵浦光（Nd:YAG 激光）能量加载到信号光（染料激光）之上，实现光信号的放大。加载的基本条件是两束光的相位要匹配，这需要精确调整两束光的光程，精度要达到纳米尺度。经过一周的辛苦调试，终于获得了右图所示结果：在没有泵浦条件下，信号输出为 41.9 mV（右上图，10 mV/div）；在有泵浦的条件下，信号输出为 295.3 mV（右下图，50 mV/div）。结合光纤损耗的数据进行计算可知信号增益达到 5.7 dB。这个数据虽然还没有达到实际应用水平，实验结果却证明稀土掺杂聚合物光纤已经具备放大功能，为聚合物光纤放大器件的制造奠定了材料设计理论和测试技术的基础。

完成这一工作仅仅靠"连天加夜"是不够的。实验还必须有聚合物实验室的研究生和光纤实验室的同学配合进行。这就牵扯到另一个研究人员交叉的问题。理想情况下，开展稀土掺杂聚合物光纤工作的人员应该是一个复合型人才，既能够进行材料的设计、制备和性质表征，又能够对光纤的性能进行测试。现实情况下，目前教育体制还不能提供这方面的研究人员，大致是前者属于化学、材料学科，后者属于物理、光学学科。面对这种情况，只能是聚合物实验室和光纤实验室各抽一位同学，让他们共同研究，各自发挥各自的专长，解决实验过程中的相关实验技术问题。

上述交叉研究故事中体现出来的困难，一定程度上反映出：在改革开放初期，科研条件还不是足够好，不能满足交叉研究。随着物质条件的改善，创新研究的条件将会得到极大健全，帮助基础研究向交叉创新的方向发展。

16   随机激光——直面实验结果

随机激光是 20 世纪 60 年代提出来的一种新型光激射现象……一个散射体系，产生激光的必要条件是放大光在逃出增益介质之前能够产生足够强的受激发射……

—— 摘自《光子学聚合物》第 50 页

从随处可见的激光笔，到正在走进家庭的激光电视，激光开始走进人们的日常生活。自 20 世纪 60 年代发明以来，激光发展迅速，相关知识已经走进中学课程。中学知识不仅教给我们激光原理，还让我们知道：激光具有方向性好、单色性好、能量集中等特点。与此不同的是，同时代提出的随机激光概念可没有获得这么好的发展。主要原因是：直到 20 世纪 90 年代，研究人员才在实验上验证了随机激光现象。至今，相关应用研究仍然还处于开发之中。

随机激光是基于光散射的一种现象。对于光散射的了解已经有很长的历史。例如，中学生都知道：蓝天是大气层中的微粒物质对太阳光的瑞利散射所形成的。散射也在很多方面都获得了应用。例如，聚合物学科的专业人士都非常熟悉利用光散射来测量聚合物的分子量及其分布。这些光散射体系都是无源的，也就是说这些散射粒子是不发光的。如果换成有源粒子，用光照射这些随机分布的发光粒子，光散射是否会有新的现象？特别是，在激光发明后，使用激光这种强光源照射这些粒子，又会发生怎样的散射现象？在 20 世纪 60 年代，激光现象刚刚出现，这些问题是实验工作者没有时间去思考和提出的。然而，就是在那个时代，一位理论物理学家提出随机激光的设想（1967 年），充分体现出"理论先行"的认识新事物的一般规律。理论设想很简单：在强光作用下，有源散射体系会发出激射。当时使用"激射"概念，主要是因为假设中预计的激射是高强度的单色发光，并不具有激光的相干性等特性。

由于没有强光光源，这个理论设想的实验证明是激光技术在实验室应用之后才完成的（1997 年）。使用强激光激发有源散射体系，确实激发出了随机体系（包括时间和空间）的单色强光出射。随后，各种随机激光的研究在世界范围内展开。之所以称其为随机激光，主要是因为这种激射没有方向性，只具有单色和高强度等部分激光特性。

光子学聚合物实验室的工作集中在有源光纤材料和性质研究，原本与随机激光研究领域没有关系。相反，在使用的稀土掺杂光纤材料中要尽量避免散射的出现，因为散射会带来很大的能量损耗，使得有源光纤的放大效率降低。开展随机激光研究完全是靠着对实验结果的"逆向思维"分析，"歪打正着"才走进光子学聚合物实验室的。

为了研究不同光纤直径对光放大的影响，我们实验室首先要在不同直径的毛细管中进行含稀土聚合物光纤的制备。然而，由于缺少加压设备，聚合后的产物总是由于聚合反应的热效应和毛细管的毛细作用而充满气泡，造成散射过强而无法开展后面的测试工作。在工作讨论中，想到这一现象既然无法解决，不如利用散射开展相应的随机激光现象研究，毕竟毛细管中的稀土掺杂聚合物也是一个有源体系。

随着系列研究工作的进行，我们发现有源光纤散射体系确实能够产生随机激光。同时还发现：这样条件下产生的随机激光还具有其他散射体系无法产生的性质。例如，弱散射条件（散射粒子数少）下就能获得随机激光；能够在光纤的输出端检测到产生的随机激光具有方向性（改变了随机激光的空间随机性）；输出的光纤随机激光具有相干性；等等。这些新颖随机激光性质的发现发表在专业领域的学术刊物（《物理评论快报》）上（2012年），获得了学术界的认可。

光纤随机激光的出现开拓了原有随机激光的研究领域，形成了新的研究分支。在这一科学成果的背后，从科学研究的角度看，这些工作的完成确实成为"科学研究中常需要逆向思维"的一个范例。

什么是科学？简言之，科学是对未知的探索。遗憾的是，很多人对这一点存在模糊的认识。最典型的事例就是：在实验室经常听到抱怨，说实验结果不好，实验又失败了。这种说法来自没有考虑科学的定义，没有从科学的定义出发来认识自己的工作和设计自己的科学实验。

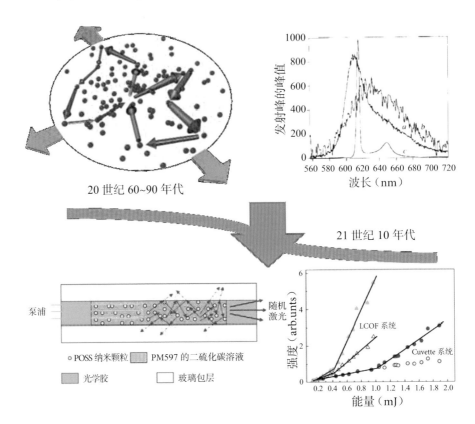

　　20世纪60年代，随着激光的发现，苏联理论物理学家莱托霍夫从理论上推演出有源散射体系在强光激发下，会产生激射：能产生荧光的散射粒子体系，在强光照射下，能够产生单色性好的荧光发射（JETP Lett., 5（8），212（1967））。这种激射在空间具有随机性，在时间上也具有随机性，所以称之为随机激光（左上图）。在当时，由于激光的出现吸引了很多研究者的兴趣，直到90年代（Nature, 390（6661）：671-673（1997））随机激光才在实验上得到证明（右上图）。随后，随机激光的性质研究和应用研究得以普遍开展。相比激光，随机性是随机激光的本征性质，能否改善这一性质，使得由简单材料体系就能够产生的随机激光具有激光的性质？2012年，光子学实验室使用光纤波导来束缚随机散射系统，在强光的激发下，得到了具有方向性和相干性的激光（下图，Physical Review Letters, 109, 253901（2012）），不仅给随机激光的基础研究增加了新的研究内容，还给随机激光带来了新的应用可能性。

　　一个精心设计的科学实验，不管结果如何，都是有价值的，特别是那些能够重复的实验研究过程。出现上述抱怨，一是因为所做实验缺少设计，二是对实验结果缺少信心。遇到这样的抱怨，通常情况下，首先需要问的是：这个实验是否可以重复。如果可以重复，说明可能存在现在所不知道的知识或规律。其次，要进一步理清思路，重新设计实验，确保实验设计的合理性和实验结果的可靠性。

　　回顾光纤随机激光的工作，当遇到毛细管中总是出现气泡，会产生散射的问题时，即使反复做也无法避免。对于原先要获得尺寸不同聚合物光纤的实验目的来讲，这个实验设计和结果无疑是失败了。这样的现实说明：在现有实验条件下，原先的实验设计存在无法解决的问题。如何解决？没有条件。怎么办？一种办法是暂时放弃实验，等有条件时再开展工作。对于有学制时间限制的研究生而言，这一条路多半是浪费宝贵的时间，换来的是失望和抱怨。另一个办法就是直面问题，开动脑筋，另辟蹊径。研究生的学习环境迫使选择第二个办法，即在仔细分析了面对的问题后，重新设计实验，进行光纤材料的随机激光研究。一旦思路发生转变，相应的实验结果就变得很有价值。这个"价值"来自光子学聚合物实验室很少能够考虑到随机激光这样的工作。开展随机激光研究，特别是建立在特殊材料方面之上的随机激光研究，研究工作的新颖性自然产生。这样的工作一发表，新颖性和独创性的内容很容易引起同行们的关注，从而形成随机激光领域的新研究分支。实际情况正是如此：光纤随机激光的工作发表了系列论文，在光子学实验室的研究领域中开辟出一片新天地。

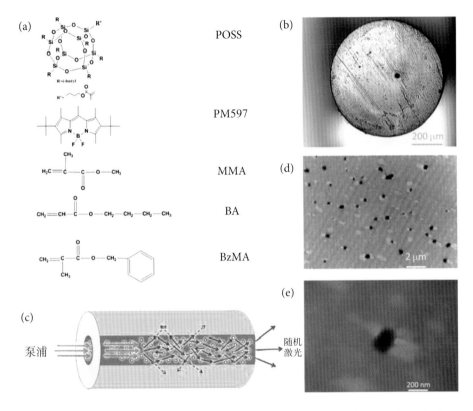

光纤对随机激光的波导效应首先在毛细管中实验成功。为了在真正的光纤波导中观察这一波导的束缚效应，我们实验室又按照有源散射光纤的思路，设计、制作了有源散射聚合物光纤。图（a）给出了光纤芯材料中各种有效成分，POSS 为笼型聚倍半硅氧烷，在材料中作为散射介质；PM597 为通用的荧光染料，在材料中用作为发光介质；MMA、BA 和 BzMA 均是单体，均是聚合物材料的有效成分。图（b）是制作好的聚合物光纤的断面的光学显微镜照片，从中可以看到，所制作的聚合物光纤具有光纤波导所要求的结构，能够完成光纤波导的束缚作用。图（c）是有源散射聚合物光纤的模型图，显示光纤对散射的作用。图（d）和图（e）就分别为材料的扫描电子显微镜照片，显示有源散射聚合物光纤材料的凝聚体结构和尺寸。从中可以看出聚合物中散射颗粒分布均匀，而单一散射颗粒的尺寸小于 200 nm。

当然，这种"歪打正着"的研究工作并不经常发生。可是，在科研工作中注重"科学"的本意，认真设计科学实验，对实验结果采取不放弃的态度，还是要提倡的。

一个值得注意的前提是，首先要问一下这个实验结果是否是可重复的。如不能重复，说明不是实验结果不好，而是实验设计和具体操作没有做好。如果能够重复，请善待自己的实验结果，毕竟是自己的辛勤劳动换来的，没准会抱一个科学发现的"金娃娃"。

17　无源聚合物光纤
——教学的学问

无源聚合物光纤（passive polymer optical fiber）不仅仅单指用于光传输的聚合物光纤，还包括在聚合物光纤中构筑各种能够驾驭光的结构之后所形成的性质各异的不同聚合物光纤。

——摘自《光子学聚合物》第 65 页

在光子学聚合物实验室，与有源聚合物光纤研究的开创性启动不同，无源聚合物光纤研究的启动属于实验室研究工作的衍生产品。所谓"衍生"是说，在开展有源聚合物光纤研究的同时，学习到了聚合物光纤的性质和特点，对于聚合物光纤的认识逐渐深入、广泛，并从中发现或者遇到了新的研究课题。

聚合物光纤与玻璃光纤的差别在于材质不同，而材质不同又带来聚合物光纤有别于玻璃光纤的两个特性：一是损耗较高。通常聚合物光纤的损耗要高于玻璃光纤，只能用于 100 m 范围内的信息传输。二是光纤直径较大。现行的工业生产中，光纤直径的标准尺寸是 1 mm，而玻璃光纤仅有几十微米。相对应地，聚合物光纤放大器研究就是针对聚合物光纤损耗高这个性质而开展的，而聚合物光纤直径较大的特点既有方便应用的特点，也带来信息传输带宽不足的问题。

聚合物光纤直径较大的特点主要是由于聚合物材料相对于玻璃材料较软的性质所决定的。在自然环境条件下，聚合物的软化点常处于 100~200 ℃，而制作光纤的石英玻璃的软化点则处于 1600 ℃ 以上。这样的材料性质使得玻璃光纤即使在几十微米直径下仍然具有方便使用的刚性，而聚合物光纤如果采用这样的尺寸，则会同头发一样，变得很柔软，缺少使用时需要的刚性，给实际使用过程中的具体操作带来不方便。所以，通常聚合物光纤都做得较粗，使其具有一定刚性以方便使用。

光纤直径较大的情况会降低信息传输带宽，成为影响聚合物光纤进入应用的一个不利因素：模式色散。从几何光学角度可知：光纤的大直径使得入射的光线可以从不同角度进入光纤，并在光纤内传输。由于入射光线进入光纤的角度不同，在光纤内就具有不同反射角。在这种情况下，只要反射角在全反射角以内的光线都会在光纤内传输，而且，在传输一段距离后会有不同的光程，造成传输的光信号失真。这一现象造成的信号损耗被称为模式色散，会造成传输带宽下降。为了解决这一个问题，很多研究工作对光纤芯采用特殊结构设计，来减少模式色散。其中与聚合物光纤相关，并已经从实验室开始进入工业化生产的一种方法，就是采用界面凝胶聚合方法来制备梯度折射率聚合物光纤的方法。

在梯度折射率聚合物光纤的截面上，折射率具有梯度分布：纤芯处折射率最大，靠近包层处，折射率最小。整体来看，从纤芯到包层，折射率成抛物线分布。与此不同，已经商业化的聚合物光纤的光纤芯截面上，折射率的分布是均匀的。理论上，梯度折射率分布可以使传输光在光纤内不断聚焦，从而能够克服聚合物光纤的模式色散。由此可知：梯度折射率聚合物光纤既保留了原有的直径尺寸，又能够消除由于光纤直径过大造成的模式损耗。

目前，使用界面凝胶聚合方法制备梯度折射率光纤的技术已经得到实验室验证，申请了相关专利。这一技术也方便进行工业化生产，专利很快就被工业界买断，进入了试生产阶段。然而，制备梯度折射率光纤的界面凝胶方法涉及的技术复杂，影响因素众多，商业化产品还没有在市场上出现。

一般而言，一个实验室样品在实现工业化生产之前，需要经过中试实验，确定工业化的生产流程中的各种工艺控制条件。为了能够顺利生产，这种中试过程要明确将实验室数据过渡到工业生产线的各种工艺参数，并形成生产流程文件。由于由界面凝胶聚合制备梯度折射率聚合物光纤的工艺参数很多，给中试带来巨大的工作量，短时间内很难完成从实验室成果到工业化产品的过程。20世纪90年代，梯度折射率光纤正面临这样的情况：一方面市场紧急迫切需求，另一方面由于工艺参数众多而一时难于完成工业化。

面对这一需求，解决的办法就是从理论上建立数学模型，将影响梯度折射率光纤生产的各种因素综合到一个数学模型中，按照理论要求（数学模型）逐个将生产因素对产品的影响研究清楚。

数学建模已经成为一个热门研究领域，在大学中开展这样的科学研究并非难事。我们实验室在已有的聚合物自由体积理论基础上，很快就做出了界面凝胶聚合中，梯度折射率形成的数学模型，并且，实验测得的折射率分布与理论折射率分布达到重合。相关结果发表在聚合物领域的学术期刊上，获得了学术界同行的认可。原本事情可以继续发展下去，按照模型进行实验室样品放大，最终走向产品化。然而，这样的事情是无法在大学中进行的。

何为大学？很多答案中，我特别推崇大学是传承知识的圣地。其中"承"就是要将已有知识掌握起来，而"传"就是要站在已有知识的基础上，不断创造出新的知识。在高等教育领域，常常出现一种争论：高校是注重教学，还是注重科研。在大学工作多年的经验告诉我，这个问题是无需争论的伪课题，都不足以称为准课题。因为教学、科研两者相辅相成，是大学的使命使然。

人类在不断的进化过程中，各种文化所包含的知识都在不断地去粗取精，去伪存真，推陈出新。这里当然需要各个领域的学者去思考，去选择，去创新。无论你是侧重教学，还是侧重科研，两者的统一是必然的。试想一位没有科研项目的教师仅靠照本宣科地去教学，很难完成"传"知识所需要的创新。同样，一位不重视教学的教师，不能很好地完成"传"的任务，也就不可能进一步在"传"的基础上进行创新，将自己创新成果传给下一代，同样没有很好完成"传承"知识的使命。

这里对没有科研、专注教学的老师加上"照本宣科"帽子，只是专门用于只做教学，完全不进行研究的一类教师，并不是所有专门进行教学的老师都有这样的帽子。因为教学本身也需要科学研究，探索新的教学内容。

我在中学上学时就接触过很多优秀教师，并没有"照本宣科"的上课，而是通过自己独具特色的教学，在展示自己风采，给学生带来刻苦学习欲望的同时，也带来了快乐和进步。《红楼梦》中有副对联：世事洞明皆学问，人情练达即文章。传授知识本身也是一门学问。"世事洞明"需要教师在批判的基础上继承已有知识，也是一位教师的终身事业，来不得半点的懈怠和骄傲，"照本宣科"是根本做不到这一点的。

另一方面，不断创造新的教学方法和内容，也是创造知识的内容。由于时代的进步，环境的变化，教学也是随着这些变化在不断创新，不断进步。这个过程中少不了许多研究。君不见，不同教学领域均已有自己的教学研究期刊。我就在《大学化学》教育期刊上发表了介绍使用计算机程序处理共聚合反应的论文。可见教学本身就是值得研究的对象。在教学中不断发现以往教学在新时代中显现的不足，利用新知识不断改进，提出教学中的新举措，获得新的教学内容，是一位教师再自然不过的本职工作。

在教学过程中引入自己的研究结果，无论是教学研究还是科学研究，都会给听课的学生带来快乐，获得辛苦学习的持续动力。利用聚合反应中的凝胶效应来制作梯度折射率光纤就是在聚合物化学的教学中一个很好的例子。

聚合反应是由单体到聚合物的化学反应总称，其中包括多种基元反应。例如引发反应、终止反应等。在单体转变为聚合物的过程中，反应体系会由于转化率增加而不断地变黏，一些与聚合物相关的终止基元反应减慢，与小分子单体相关的增长基元反应则保持速率不变，导致总体聚合反应速率会快速上升。聚合反应速率的快速上升，变黏的聚合体系热传导不均匀，造成整个聚合体系中聚合速率在空间上分布不均，而且这一过程是一个熵增过程，随着时间延长，会形成"恶性循环"，聚合速率分布越来越不均。现象上，可以看到聚合体系会产生大量气泡，称之为爆聚。由于爆聚会对产品的外观和性能产生很大的影响，一直是"高分子化学"课程中的重要知识点，而且常作为负面的、需要克服的效应进行介绍。如何利用这一效应的实际例子很少。试想，如果能够在教学中引入利用这一效应进行功能材料的制备的例子，必然会丰富聚合物化学课程的教学内容，也会引起学生的学习兴趣。

利用凝胶效应进行界面凝胶聚合，制备梯度折射率聚合物光纤就是这样一个例子。界面凝胶聚合的详细内容在《光子学聚合物》专著中已有介绍，主要是利用不同浓度聚合物形成的黏胶会含有不同量的折射率控制剂，聚合完成后，会在聚合物光纤的截面上形成梯度折射率分布。这已经在我们实验室的工作中得到了验证，可以作为一个成功案例在教学中进行介绍。

在教学中引入科学研究中的新知识、新技术，不仅会扩展原有知识领域，同时也使得教学生动有趣，已经成为大学老师必须做科研的主要理由。实际上，在研究型大学中，这种情况是必然的，老师在通俗易懂地介绍已有知识的同时，自然会结合自己的研究工作，在适当知识点引入知识的新扩展。这种教学改变既会受到学生的欢迎，也会客观上推动知识的创新，完成大学的知识传承使命。

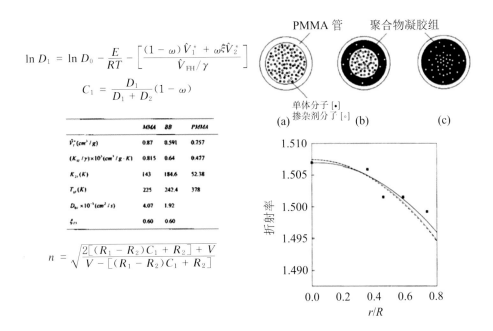

右上图为界面凝胶聚合的分子模型图：聚合是在一个以包层材料（一种折射率较低的聚合物）做成的管子中进行的，右上图给出的是一个聚合管剖面图。聚合时将含有折射率控制剂的单体溶液加入管中，很容易想到在管壁上会因为单体在包层材料中的溶胀，形成一层溶胶。聚合反应在溶胶层进行较快，会逐渐将聚合物层向中心推进，并形成一个聚合物浓度的梯度分布。而折射率控制剂的分布则由左上图给出的扩散系数控制。仔细控制整个聚合过程和相关系数（见左中图），可以得到符合要求的折射率分布。右下图给出了达到消除模式色散的理论折射率分布曲线（---）、由上述数学模型得到的折射率分布曲线（…）和实验测试得到的折射率分布数值和分布曲线（■数据点以及由其拟合的实线曲线）。三者很好地重合在一起，说明在理论和实验上都获得了消除模式色散的梯度折射率分布。

大学的工作就是如此。知识的传承本身已经很重要，是社会持续发展的基础。大学的科研中会产生很多创新成果，却没有能力将其产品化，服务于社会。在整体社会发展的活动链中，引领社会发展方向的是创新型大学，带动整个活动链向前的却是企业。常言道，企业是社会发展的火车头，意思就是如此。

在完成了梯度折射率光纤的理论模型之后，曾经设想推广到企业，并能够帮助企业改进生产流程。随后发现，企业通常有自己的考虑。大企业有自己的实验室，自己的科研规划，这些科研成果只有借鉴作用；小企业则无力进行这样高新技术的产品开发。例如，大多数聚合物光纤小型企业还在致力于有机玻璃的纯度提高，用于降低由于原料不纯造成的聚合物光纤的损耗。梯度折射率聚合物光纤尚未进入企业的生产目录。

面对这种客观条件，作为无源光纤研究的后来者，只能站在前人已有的工作基础上，继续开展创新性研究，以促进相关领域的扩展，并对未来高科技产品的发展奠定基础。后续的故事是：在完成了这一工作之后，我们实验室被带进了一个新的领域——无源聚合物光纤材料及性质研究。除了各种不同聚合物光纤截面上折射率分布控制的理论和实验方法以外，还包括聚合物光纤光栅及相关传感器的材料和性质研究。

18　聚合物光纤光栅
——合作研究

　　……如何在能保证光照时，包层不受光照的分解作用？这一问题在制作多模光纤光栅时并不突出，可以通过聚焦到光纤芯来减小光照对包层材料的影响。制作单模聚合物光纤光栅时，这个问题就无法回避，而且，只有单模光纤才能够方便光信息处理。这使得这个问题成为制作聚合物光纤光栅的挑战性课题。

—— 摘自《光子学聚合物》第 71-72 页

　　聚合物光纤光栅研究始于我们实验室的一项与香港理工大学的合作研究。

　　在有关聚合物光纤的研究论文发表以后，我们实验室逐渐成为国际上聚合物光纤材料和性质研究的活跃团队。在参加的国内外学术会议上，以及在相互来往的电子邮件中，同行学者交流彼此的工作，也会产生开展合作研究的愿望。一次，香港理工大学的谭华耀教授来信说：他的实验室正在进行一项拟用聚合物光纤光栅进行压力传感，改善糖尿病病人走路不稳的课题。

通过来信还了解到，病情较重的糖尿病人的末梢神经会坏死，因此走路时不能将脚落地的压力传递给大脑，会出现走路不稳现象。针对这一问题，科研人员提出了使用具有生物相容性的聚合物光纤光栅放置在脚底，将这种压力传递给大脑，使这类人走动时候的步伐稳定。实现项目愿望的首要条件是制作所需要的聚合物光纤光栅。香港理工大学的实验室只做物理研究，而这个课题需要从材料到医院临床等多方面的合作，来信问实验室是否可以派人参加这个项目。这是其了解到我们实验室在制作聚合物光纤方面已有工作积累，特地写信来询问，希望帮助他们制作出合用的聚合物光纤光栅。

这件事情发生在 21 世纪初。在那个时候，年轻人想走出校门，到外面去看看。我们实验室很快选定一位实验动手能力较强的博士研究生前往进行合作研究。

进入新的世纪，香港已经回归祖国。由于"一国两制"政策，香港仍然是保持高福利社会。现实情况是，在 21 世纪初期，香港的工资待遇仍然高于内地很多。从这方面讲，到香港去工作，经济状况会得到改善。正由于此，选派人员时，特别考虑派了一位已经有了家庭、年龄较大的博士生前往，既保证工作的顺利进行，又能给个人一些经济改善。能够自然而然地做出这样的决定，源于我到香港之后才了解到当时香港与内地还存在着个人收入待遇差别。

20 世纪 90 年代初，我作为访问学者第一次出国来到瑞典皇家工学院。未出国门前，一心想着能够学习国外的先进的科学理念、先进的实验技术。到了瑞典之后，发现自己的想法与现实出现了偏差。

由于是第一次，我看到和听到的多是在国内所不知道的事情。最有感触的是，国外同行并不像国内同行那样努力，他们的工作效率远远不如国内的高校和研究机构中同行的工作效率。形成鲜明对比的事情是，国外同行的收入却高于国内同行的收入很多。面对这一完全与经济规律不符的事情，我向一位同为访问学者、专业为经济学的学者请教。他给我一个形象的比喻：瑞典的拳头产品是重型卡车，我们国家的拳头产品是轻工业产品和粮食。瑞典的一辆重型卡车能换回一车箱的轻工产品，或者是一列车的粮食。你再想一想：生产一辆重型卡车需要多少劳动？生产一车箱的轻工产品，或者一列车的粮食又需要多少劳动？这样一想，立刻就明白了为什么国内这么忙，而瑞典人这么悠闲了。再仔细想想，很容易想到，所有这些就是科学技术上的差别造成的。国内产品的技术含量低，附加值也低，所以同样的劳动，价值就有所不同。

同时还发现，即使在瑞典，轻工产品和粮食的价格与国内相同产品的价格相差不是很大。这使得瑞典人拿着高收入，基本生活消费却与国内相差不多。撇开他们的生活状态不谈，由国内去的人可以在保证基本生活的同时，省下一些生活费，用来贴补国内家人或亲戚们的生活。这也是在当时条件下，人们热衷出国的原因之一。让我感触最深的事情是：当时国内存在出国人员服务部，在那里，出国人员可以免税买到一些彩电、冰箱、微波炉等高科技产品。

　　转眼 30 多年过去了。通过持续不断的努力，中国也有了生产这些产品的能力。相对而言，中国人的收入也比以前有所提高。生活在这样的环境中，中国人再也没有以前那种出国的意愿。就所熟悉的科学研究领域而言，有了同样的研究条件，包括良好的设备和优厚的人员待遇，加上国内工作的效率，选择在国内工作，能够保证进步得更快，更好地将个人进步与国家发展相结合。科技界的出国热正在消退。

　　当然，由于是境外的校际合作，派出去的学生要在陌生环境中独立完成工作，首选条件是工作能力。回头来看，在短短一年时间里，所派学生就完成了光纤和光纤光栅的制备。其中，解决的关键问题是如何制备出高质量的光纤光栅。这里包括光纤芯层和光纤包层两种聚合物的结构设计、合成，最后由它们制作成也可用光来刻写光纤光栅的光响应光纤。特别是，在低光强条件下，能够不触动包层材料，只将光栅刻写在光纤芯上，是需要细致的材料设计和制作。由于光要通过光纤包层才能达到光纤芯，这种材料设计极为精巧。

　　与强光条件下的光聚合不同，制备光纤光栅的方法中使用的光源是弱光光源。强光条件下，可以利用双光子吸收实现跨越空间的光化学反应；弱光条件下，只能发生单光子吸收，利用包层材料对光没有吸收，弱光直接穿过光纤包层在光纤芯层引发光化学反应。使用强光光源刻写对于光源的控制要求很高，技术上的难度要提高很多，刻写光纤光栅还是选择单光子吸收过程较为方便。

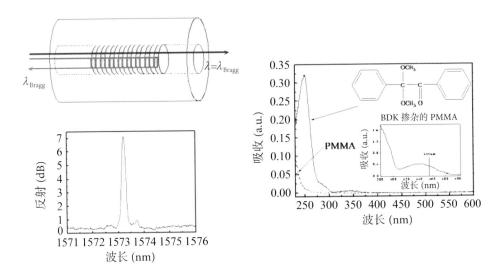

　　左上图是 Bragg 光纤光栅结构和性质的示意图。从中可以看出：波长为 Bragg 波长以外的光可以通过光纤光栅。当通过光的波长为 Bragg 波长时，光就会被光栅反射回去。由于 Bragg 波长与光栅周期相关，加上聚合物光纤比较柔软，一旦受到外力，比如病人脚底踏到地面时，光纤光栅的周期就会发生改变，使得反射光的波长发生变化。通过计算，可以获得外力大小的变化，从而给人脑一个信息，使得大脑能够重新感受到脚落地时的压力大小。解决这一问题的基础是要有复合条件的光纤光栅。而光纤光栅的制作又是与材料化学紧密相关的技术。从右图可以看出：通过掺杂在 355 nm 有吸收的化学物质，可以保证刻写光栅时，刻写光能够透过包层材料，只是在光纤芯材料上刻写出光纤光栅。一般而言，Bragg 光栅的周期处于几百纳米范围（$\lambda_{B}=2\Lambda n_{eff}$，其中 Λ 为光栅周期），肉眼很难直接看见光栅。左下图给出了使用上述方法制作的光栅的反射光谱。从可以看出，在 1573.2 nm 处有一个突出的反射峰出现，说明光纤光栅已经制备成功。

　　基础研究工作是一个在未知领域摸索前进的过程。在这个过程中，要专注研究对象会发生各种复杂情况的可能性，精心设计，反复实验，直至获得最佳工作条件。功夫终不负有心人！聚合物光纤光栅在一年时间内就制备得到了。

聚合物光纤光栅的合作是我们实验室第一个合作交流项目。在完成聚合物光纤光栅制备的同时，还将已有的聚合物光纤放大器研究拓展到了聚合物光纤光栅的研究。两者同属于聚合物光纤材料和器件研究领域，又具有对材料的不同要求和不同的应用领域。这一工作的开展，不仅打开了眼界，也使得已经进行的光子学聚合物研究的内容更加丰富。随着研究工作的不断深入，这种合作研究的故事越来越多，也使得光子学聚合物的研究领域不断扩大，从单纯的聚合物光纤领域走到范围更为广阔的光响应聚合物领域。

19 偶氮聚合物——组会

偶氮聚合物是指含有偶氮功能团的一类聚合物。这类聚合物将偶氮基团的光致异构化性质引入聚合物结构，并由此产生一类具有可逆光响应结构变化的聚合物材料，广泛用于光存储、薄膜表面起伏光栅、光致形变、光响应胶束和囊泡等。

—— 摘自《光子学聚合物》，中国科学技术大学出版社（2018）第 74 页

开展偶氮聚合物研究也是国际合作的结果。1997 年，我又一次有机会作为访问学者到国外研修。这次去的地方是日本东京工业大学的池田富澍实验室。池田教授是国际上知名的研究侧链型偶氮液晶聚合物的专家。到了实验室之后，与池田教授聊起来为何会同意我来实验室研修。原来是他看到申请材料中介绍了我写的一本《聚合物液晶导论》的著作，而池田教授实验室开展的偶氮液晶聚合物研究工作中一个重要内容就是液晶相的光致变化。他认为：既然写了有关液晶的著作，作者自然对液晶有很深入的了解，有助于尽快进入偶氮液晶聚合物领域，进行有效率的研修工作。

　　实际上,《聚合物液晶导论》并不是一本学术专著,而是一本研究生教材。在此之前,我并没有研究液晶的经历。对液晶的兴趣起源于 1986—1988 年读博期间的研究工作。当时,到了导师的实验室,在选定要研究的课题后,老师又带我去了一次图书馆,了解图书馆的各种规章制度和图书收藏情况。然后,老师说了一句我至今仍然记忆犹新的话:"这是比我更好的老师"。这里加上引号,是想说这确实是老师的原话。在我有了学生后,多次给学生讲过这句话。在当时,我自己确实很认真地履行了这句话。一是因为我的老师是一位德高望重的老科学家,实际指导学生的时间有限;二是图书馆丰富的藏书确实吸引了我。

　　就是在那一段时间的广泛阅读,我了解到了液晶的概念。作为一种新的物态,液晶不仅具有很多独特性质,也具有广泛的应用。在以后的许多年里,我一直关注这一新兴领域,并在我开始讲授研究生课程"特种高分子"时,专门加上一章,介绍这一领域。讲课久了,了解到研究生尚缺少这一类教材,遂动手编撰了这一研究生教材。虽然说与我的科研工作没有关系,却成了我进入池田实验室的敲门砖。

　　偶氮化合物是含有双氮原子功能团的一类化合物。双氮原子功能团具有两个化合价,与脂肪族基团连接时,称为脂肪族偶氮化合物。这类化合物并不稳定,实际工作中并不常见。比较常见的是偶氮基团连接有芳香性基团,特别是苯环基团的一类偶氮苯化合物。这类化合物较为稳定,也较为常见。在大学的有机化学实验课中就已开设了偶氮染料的合成实验,就能说明这一点。与液晶有关系的偶氮化合物也属于这一类偶氮苯化合物。

作为一种新物态，液晶如今已经走进千家万户，成为电视显示的主打材料。从分子水平来说，这种新物态的形成要归功于这一类分子的特殊形状：各向异性。例如，对于棒状分子，要有一定的径向比，即长度要大于宽度3倍以上。偶氮基团接上两个苯环后，正好满足这一形成液晶的分子形状要求。

仅仅如此，还不至于吸引众多实验室开展偶氮液晶的研究。偶氮苯化合物还有一个光致构型变化：通常情况下，偶氮苯分子保持反式构型，是液晶基元，即这种分子能够形成液晶相。在光照下，偶氮苯分子会发生构型转变，从反式变为顺式。而顺式偶氮苯分子呈椭圆形状，失去了原有的长径比，不能形成液晶相。当这种偶氮苯分子作为侧基接入到聚合物主链上，就会得到偶氮苯液晶聚合物。池田教授实验室的主要工作就是研究偶氮苯液晶聚合物的光致相转变。

在去日本之前，我对偶氮的了解仅限于大学实验室合成的偶氮染料。后来由于远离染料研究，逐渐淡忘了。进入池田教授实验室，与教授一起讨论将要进行的课题，最后决定开展偶氮液晶聚合物中偶氮苯的三维光致取向研究，并让我用三个月时间去图书馆阅读相关书籍和文献，提出自己的具体研究计划。

经过文献学习，了解到这个课题在理论上是可以解决的。使用圆偏振光（光的电偶极矩垂直于光照方向）进行光致取向实验，偶氮苯必定会在平行于光的辐照方向，也就是在垂直于辐照光的电偶极矩方向上发生取向。这是因为：只有在这一方向上偶氮苯不能吸收光，不再发生光致顺反异构，在原位保持静止不动。根据这一原理，直接可以推论出来：在人为能够调控光照方向的条件下，偶氮苯可以在任意光照方向上取向，实现偶氮聚合物薄膜的三维（薄膜所在平面的面内二维，面外一维）光致取向。

按照这一设想，实验上，首先从手边已有的偶氮聚合物样品出发，开始进行这一理论预计的研究工作。然而，理论上可行是一回事，实验上要做到则是另一回事。在多次实验没有出现预计结果时，参与实验的同学在实验室组会上提出了问题，我们充分讨论后，得到了同实验室一位博士生的帮助，合成了一种非极性的偶氮苯，获得了理论预计的结果。综合前后实验工作的结果进行分析，出现两种结果的原因是：极性偶氮苯聚合物在玻璃基片上成膜后，极性偶氮苯基团与玻璃表面有较强相互作用，光致异构造成的偶氮苯运动的剧烈程度比较小，无法让极性偶氮苯基团脱离具有极性的玻璃基片；非极性偶氮苯并没有这种相互作用，能够脱离玻璃基片完成三维方向的光致取向。

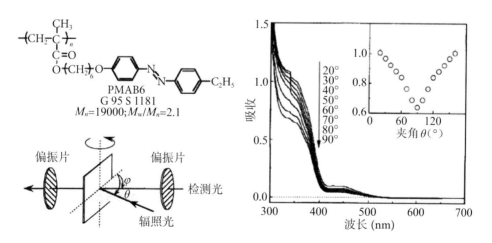

左上图给出了实验中所采用的偶氮苯聚合物的化学结构。从中可以看出，三维取向实验之所以能够成功，在于偶氮苯基团尾部的乙基取代

基。常用于平面内（二维）光致取向的偶氮苯基团上的取代基多为极性基团，这样可以获得较快的取向速度。而乙基是一个典型的非极性基团，与偶氮苯聚合物薄膜所在的极性玻璃基片没有极性相互作用，便于偶氮苯基团在玻璃基片上立起来，从而完成光致三维取向。左下图是实验装置示意图，其中入射光可以在平面外任意转动。实验结果从右图中插图可以看出：随着入射光的角度变化，偶氮苯的吸收随之变化。由光吸收规则可知，偶氮苯基团与检测光电偶极之间的夹角在发生变化，即偶氮苯基团与玻璃基片之间的夹角在发生变化，符合偶氮苯基团发生了三维光子取向的理论预计。

　　回顾整个工作的完成过程，感触较深的事情是实验室的管理方法对实验的完成起到了很大作用。在决定了研究方向以后，整个实验室的运作中与研究工作相关的事情就是组会。我们实验室共有几十个学生，如何指导学生的工作，如何让学生互相了解各自的思想，如何让学生之间进行合作交流，都是通过组会这个形式来完成的。在池田教授实验室，每周一次的组会上，全体学生分成三部分：一部分使用幻灯片汇报工作，一部分使用幻灯片汇报自己精读的一篇文献，最后一部分轮休。平时仅有教授与个别同学的单独交流，没有严格的工作时间规定，而组会时间是铁打不动的。这种既松散又严肃的工作规则照顾到了每一位同学的个性，又推动了同学间的学术交流，最终帮助工作向前推进。偶氮苯液晶聚合物的三维光致取向工作就是一个很好的例子。可以说，没有另一位博士生的帮助，这个工作单靠我自己做，是不可能在不到一年的时间内就完成的。这其中有组员之间经常交流的关系，而更多的是实验室内这种组会交流的学术气氛。大家为了一个共同的研究方向，走到一来了，相互间的工作既有区别又有交叉，相互间的学术交流常常会产生意想不到的结果。

回国后，使用实验室组会来管理实验室的方式也被带了回来。我们实验室的每一位成员都知道：虽然每一个人的事情都很多，组会时间是任何事情都无法撼动的。另一方面，组会以外的时间则会相当宽松，没有工作时间安排。一个很有趣的事情是：看到实验室出现迟到早退现象，我们实验室曾经安装了一台打卡器，试用了一个月时间后，出现了代替打卡的情况，打卡器就无法再用了。事后分析起来，科学研究不能靠这种方式进行管理。基础科学是一种以创新为目的的工作，需要独立思考和打破常规工作时间限制。没有灵感时，就是人在实验室也无法工作。来了灵感，具体到实验时间，可能需要连天加夜的工作。这样的工作内涵，依靠工作时间的规定是无法做到的。组会的管理充分考虑到了基础研究的特殊性，合理安排工作考评，在单调、枯燥的研究工作中充分发挥人的因素。即使在三周时间没有取得结果的工作也通过组会帮助分析原因，发挥全组的作用，在相互提问中明确问题所在，以在思想碰撞中产生的新思路。

从作为一名组会受益者开始，到坚持在实验室定时召开实验室组会，多年的实践表明，组会是管理基础研究的很好方式。毕业多年的同学还回忆到：组会帮助他们学会了制作报告使用的幻灯片，帮助他们学会如何在会议上发言，帮助他们学会进行学术讨论，等等。作为从事基础科学研究的人员更是体会到实验室组会是管理创造性工作的很好方式。关键点在于，要定时召开。不能以任何事情为借口来改变实验室组会的时间，树立起实验室组会的权威性。同时，让每一位组会成员能够感受到实验室研究工作的节奏，将个人的生活节奏与工作节奏协调起来，获得管理自己工作的能力。长期坚持下来，个人获得良好工作习惯，实验室成员获得既宽松，又紧张的工作环境，形成团结、紧张、严肃、活泼的生动学术氛围。

20　杂化光纤——论文和产品

常用的通信光纤是由无机玻璃材料制成的。近些年来，随着玻璃以外的其他材料的引入，一类被称为杂化光纤的新兴研究领域悄然兴起。这一融合了光子学、电子工程学、材料科学和化学的交叉研究领域，旨在发展柔性的一维光子学器件。

——摘自《光子学聚合物》第 78 页

创新已经成为各行各业工作的基本方针，"创新"的呼声已经响彻祖国大地。曾经有过的"全民经商"已经转变为今天的"全民创新"。这当然是社会发展的必然要求。在科学研究领域，创新更是最基本的要求，"如何创新"也成为科学研究领域的必修课。

自从高锟先生提出可以使用玻璃光纤进行信息传输以来，石英玻璃光纤作为信息传输介质的地位已过半个世纪，至今未变。历史选择了石英玻璃材料，而没有选择其他材料，主要原因在于"使用石英玻璃光纤进行信息传输"是首创。这一事实充分体现出创新在社会发展中的地位。如果要进一步提问：当初，为什么高锟先生提出使用石英玻璃光纤，而没有提出使用聚合物光纤呢？要知道，玻璃光纤和聚合物光纤几乎同时起步，而聚合物光纤造价便宜，方便使用。这里就涉及创新的另一个要素：知识积累。

玻璃的出现和发展已有很长的历史，很多光学产品都与玻璃材料紧密相关。就科学研究领域而言，很多人对玻璃的性能都非常熟悉，有了深厚的知识积累。聚合物是 20 世纪初才出现的概念，发展到今天，这种材料的应用已经普及，而聚合物的结构和性质研究还没有进入物理学的研究领域，仅限于材料的结构与性能关系研究。由此可见，科学家首先选择光纤技术与玻璃材料合作，而不选择聚合物材料，就是因为聚合物还没有与其他专业紧密结合，客观上造成相关专业领域对于聚合物知识的积累还不够。实际上，聚合物光纤具有价格低廉、方便使用的特点，玻璃光纤发明人高锟先生也认为聚合物光纤有很大的发展潜力。这一点从他曾担任第二届亚太聚合物光纤会议（香港，2001）的名誉主席就可以看出。

20 多年前，聚合物光纤在寻找进入市场的机会。发展到今天，由于缺少光子学的介入，缺少很好的光纤器件进入市场，聚合物光纤的主要产品还局限于信息传输的跳线产品。随着创新时代到来，物美价廉的光纤器件必定不会仅限于玻璃材料，必然会逐步扩展到聚合物材料。

将玻璃光纤的优良光传输性质和聚合物可分子水平裁剪的性质相结合，制作聚合物–玻璃复合光纤，就是这方面的典型例子。这方面的研究是近几年发展起来的一个新的交叉、创新领域，充分体现出创新时代对新材料和新器件的要求。这种具有明确目标的创新研究，已经进入多年进行基础研究的大学实验室中，形成了创新研究的新天地。

现在的大学实验室与计划经济时代的教研室和科研小组不同。在具体研究工作过程中，多数情况下是一位教授带领研究生开展科学研究工作。也就是说，研究工作是在老师指导下，由研究生来具体操作和完成的。学校对实验室的考核，或者说各种基础研究的资助者的考核，要求研究团队必须有高水平论文发表。对于基础研究，这样的考核目标是合理的，在具体实践中就归结为研究生毕业需要论文发表，老师则需要不断地为学生提出开创性的研究课题，以便实验结果能够在国际学术期刊上发表。

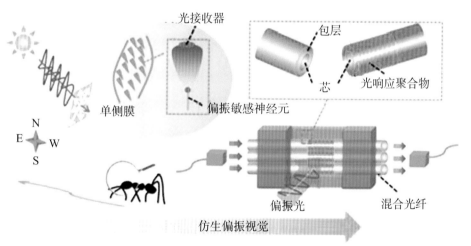

仿生偏振视觉

光子学聚合物实验室开展的聚合物-玻璃复合光纤的工作有很多，得到的复合光纤均具有特殊性能，在光信号控制和光传感领域有着众多潜在应用。其中较为有趣的例子是昆虫小眼（ommatidia）中完成偏振识别的核心器官——感杆（rhabdome）的设计和制作。从图中可以看出：昆虫感杆主要有两个作用：一是从自然界接收太阳光的偏振信号（photoreceptor）；二是将偏振信号传递到偏振敏感的神经元（polarization-sensitive neurons）。模拟这一感杆性能，我们实验室设计出使用偏振敏感的取向偶氮聚合物作为光纤包层，使得偏振光传输通过光纤时，偏振得以保持，使得接收到的偏振光传输到接收器。这种以玻璃光纤为纤芯，以偶氮聚合物为包层得到的光纤即是聚合物－玻璃复合光纤（hybrid optical fiber）的一个例子。

发表论文的合理性源于科学的结论要获得社会的公认。一个完整的科学工作从问题出发，针对问题进行符合逻辑的研究工作设计，按照设计进行专业的实验工作，最后将整个工作总结成研究论文发表，用以与同行分享科学发现和获得的新知识。同时，在完成知识积累的同时，也接受社会对基础研究的监督。

这样一个简单的事实，现在发展出"高水平"（影响因子高）和"低水平"（影响因子低）论文的差别，实在是对科学论文的误解。在所有的学术期刊中，包括科普期刊和专业期刊，所谓"高水平"论文只是由于研究对象是一个较为大众普遍关心的问题，常见于一些科普杂志和综合性杂志，会被更多读者阅读，并不代表研究工作的专业水平。实际上，在学术领域，专业知识的积累和创新常在专业性的杂志上发表，会为这一专业提供新知识，更为相关专业的读者认可。

一个有趣的例子是激光的发明。首次证明并制作出可见光激光现象的论文没有在物理专业认可的《物理评论快报》上发表，而是发表在具有更多读者（影响因子较高）的《自然》杂志上。主要原因在于激光发明源于研究者的兴趣，而缺少相关工作的积累，没有得到专业内同行的认可。更值得提及的是：1964 年诺贝尔物理学奖一半授予美国马萨诸塞州坎布里奇的麻省理工学院的汤斯，另一半授予苏联莫斯科苏联科学院列别捷夫物理研究所的巴索夫和普罗霍罗夫，以表彰他们从事量子电子学方面的基础工作，这些工作基于微波激射器和激光原理制成了振荡器和放大器。事关激光的诺贝尔物理学奖没有授予首次设计并制作出来激光器的科学家，而授予了长期在此领域工作的科学家。由此可见，在学术研究领域中，知识积累之上的科学研究具有更大的信服力。

当然，在科学研究中，首创确实更易得到关注，相关知识的拓展往往只能得到相关领域，也是更窄的专业领域的关注。界面凝胶聚合的数学模型工作就是一个很好的例子。首次采用扩散理论建立的数学模型发表在《大分子》(《Macromolecules》)学术期刊上，而随后深入的改善模型工作则被《大分子》拒绝接受，评审人的意见就是创新点工作已经在期刊上发表。最后，经过优化的最为符合理论设想的实验结果只能发表在另一学术期刊《聚合物》(《Polymer》) 上。仅从读者的受益面来看，影响因子高的《大分子》的读者要比影响因子低的《聚合物》的读者要多。由此可见，对于专业学术期刊而言，高水平期刊强调的是创新。

在强调创新、追求高水平发表的今天，这一现状确实会引导科研工作者更注重开创性的研究。对于时间有限的研究生来说，则面临一个两难的问题：一方面作为知识传承的具体执行者，需要将创新课题相关问题全部研究清楚，完成对相关未知知识和未知规律的充分认知；另一方面作为一名学生，又希望尽快发表论文，按时毕业。两难之下，多数学生，包括起主导作用的导师，都会选择创新性强的研究课题，尽快在高影响因子期刊上发表研究论文。这样一种本能的需求自然会推高论文的影响因子，而与创新课题相关的、尚未充分认识的知识及其内在规律的深入探索则越来越少有人问津。

　　大学的作用在于知识传承。在大学开展科学研究就是在已有知识的基础上，继续探索未知领域，以获得新的知识。对于一个未知领域，获得新的知识是比较容易的。在获得新知识后，再深入做下去，将新知识的方方面面都完全搞清楚，则需要将已有创新点持续深挖下去，获得全面性的知识积累。在研究者的热情和兴趣推动下，现在的大学实验室按照基础研究的规律，在具体研究工作过程中坚持发表论文的工作状态，能够保证科学研究保持在国际前沿（在国际学术期刊上发表）。然而，这样的工作方式却无法保证研究结果（特别是应用基础研究的结果）的产业化。

　　在大学，从 0 到 1 的创新研究强调的是知识积累基础上的知识创新。社会对创新的要求则有所不同，即要求大学科研成果的产业化。这也是整个社会经济发展所寄予的期望。从一个科学研究结果到一个能够产业化的产品，要走过的道路包括：实验结果—中试放大—规模化生产。在上述三步中，大学实验室完成的工作只是第一步。这主要是因为大学中的科研主力军是研究生。他们需要在短时间内（硕士生三年，博士生五年）完成学业。在这样的时间内，他们除了要完成一定的课程学习外，通常还要发表论文。这样一种现状造成研究人员重论文发表，轻知识传承，更无法完成发展产品。

　　在完成从科学探索到成熟产品的第二步和第三步过程中，技术研究的成分会增加很多。无论是从技术保密角度，还是从创新程度，很多工作都无法总结成论文发表。这说明大学很难独立完成创新产品的产业化。我们实验室开展杂化光纤的研究，设计并制备了很多杂化光纤，研究了杂化光纤及其原型器件的性质。在试图将杂化光纤的部分成果转化为产品的过程中，在市场调查、起步资金的获得、实验室结果的放大、产品的规模化生产以及产品的标准建立等过程中都遇到了很多困难。最终，不得不放弃这一愿景。

就现代社会的发展现状来看，"专业的人做专业的事"才是最有效率的发展之道。我从研究杂化光纤材料和器件性质的过程中体会到，企业应该是产品发展的主力军。放眼望去，真正的创新型企业都有自己的实验室，正是这个道理所在。

21 光的偏振——交叉学科

除了光强度，光纤通信和光纤传感领域还常常遇到传输光偏振态的控制问题。光纤偏振器具有损耗低、稳定性好的特点，构建光纤偏振器的有效方法之一是通过传输光的倏逝场与有效介质相互作用，产生偏振依赖性损耗。

——摘自《光子学聚合物》第 84 页

光是横波，其电矢量的振动方向垂直于光的传播方向。这一特性被定义为光的偏振，意指电矢量所指方向即为光的偏振方向。昆虫类等低等动物天生就会应用光的偏振。例如上一章中就提到：昆虫早已知道利用光线的偏振来确定自己的方位。直到现代，人类才了解这一点，并采用仿生方法来制作各种确定方位的仪器设备，来帮助自己更方便地确定自己的方位。

现在，光的偏振已经走进人们的日常生活。最为常见的就是偏光型墨镜。这种墨镜的镜片仅允许某一偏振态（平行于镜片偏振方向）的光线通过墨镜，完全阻隔由散射、折射、反射等各种因素造成的刺眼眩光，减弱入射光强，起到墨镜的作用。

偏光墨镜中具有选择作用的镜片称为偏振片，广泛用于各种光学器件。例如，在液晶显示器中，使用两张偏振相互垂直的偏振片贴在液晶盒的上下两面，来保证液晶盒精准选择光线，实现完美的图像显示。

刚开始进行光子学聚合物研究时，考虑较多的是材料与光的强度和光的波长之间的相互作用，对于光的偏振及其调控的工作缺乏了解，更不要说发展这一领域的新型聚合物材料了。所完成的工作仅限于简单地应用偏振性质。

深入考虑偏振调控性质和应用问题是在进入量子调控领域才开始。起因是发现：在新兴的量子调控领域，用于制作量子纠缠源的材料多是无机非线性材料，缺少聚合物材料制作的量子纠缠源。

量子纠缠的概念是量子光学的一个重要内容。就光子而言，两个光子处于纠缠态，即两个光子形成一种新的密不可分的状态。进行单个光子性质的测量时，会发现处于纠缠态的两个光子的偏振是相关的。这里的相关可以理解为：一对纠缠光子，当一个光子是某一确定偏振时，另一光子一定也具有确定的偏振。反之，当一个光子确定为另一偏振时，另一光子一定具有另外一个相应的确定偏振。这一现象正如人的两只手，一旦确定左手，另一只即为右手，反之亦然。同时，由于纠缠中的光子可以远距离分离，又常形象地称纠缠态中两个光子为"孪生兄弟"。

微观光子的纠缠态具有的既为一体，又可远距离分离的属性仍在理论探索之中。实验上，这种抽象的纠缠态的存在已经通过测量具体光子的偏振性质得到确认。例如，获得一对纠缠光子的通常方法是：一个紫外光脉冲照射一种叫做BBO（barium metaborate，偏硼酸钡）的非线性晶体，可以有一定概率地产生一对光子。两个光子通过在偏振分束器上的一次干涉，就可以形成一个纠缠态。从上述描述可知：光量子纠缠的一个基础特性是偏振态，而产生量子纠缠的材料是称为BBO的非线性光学晶体。

在非线性光学晶体中，BBO是具有较为宽阔的透光范围、较大匹配角和较高抗光损伤的优良性质的晶体材料，广泛用于各种非线性光学场合。所以，量子纠缠研究首先采用这一材料作为量子纠缠源。这种材料的基本性质就是二阶非线性，即在高强度光源照射下，能够产生纠缠光子。

由于大学存在多学科的环境，大约在我刚开始研究量子纠缠的时候，学校就组织了相关领域的多学科讨论会。在会上，我得知有机光量子纠缠源的材料问题尚没有人考虑。实际上，二阶非线性有机材料早有人研究，只是由于缺少这种科学前沿的交流，无法得到接触这种拓展知识的机会。既然知道了这是一个尚没有探索的新领域，又考虑到聚合物材料具有自己独特的性质，应该开展聚合物量子纠缠源的研究。如同聚合物光纤放大器的研究，这一想法也得到了量子光学实验室的肯定，他们愿意共同来探索这一目标明确的未知领域。对于光子学聚合物实验室来讲，首先要学习非线性光学材料方面的知识。

在激光出现之前，弱光与介质相互作用，光的频率是不发生变化的，并满足波的线性叠加原理，相关现象的研究称为线性光学。激光出现之后，强光与介质相互作用，线性叠加原理不再成立，相关现象的研究则属于非线性光学，相应的介质被称为非线性介质（材料），其中二阶非线性材料具有广泛的应用。

在各种二阶非线性材料中，聚合物二阶非线性材料的非线性光学效应的微观来源是聚合物化学结构中的非定域的 π 电子。由于 π 电子在分子内部易于移动，不受晶格振动的影响，造成二阶非线性系数比无机物大，而且响应速度也快得多。然而，真正应用时，材料的二阶非线性不仅取决于微观参数，还取决于材料的宏观参数。由于聚合物中的 π 电子的基团具有极性，常常由于基团之间的相互作用，在凝聚态中两两反向排列，抵消了单个 π 电子基团所具有的非中心对称性。因此，聚合物非线性材料在应用前需要通过极化来提高宏观的二阶非线性。极化过程就是通过外加电场诱导，把聚合物中 π 电子基团具有的非中心对称尽可能地转变成为宏观意义上非中心对称，以便在强光作用下显示出宏观的二阶非线性。

理论上明白是一回事，实验上做出来又是一回事。首先遇到的问题是制备非线性聚合物材料的设备问题。尽管全光极化、光致三维取向、电晕极化和平板电极极化等技术都较为成熟，光子学实验室却缺少相应的设备和操作经验，一时也开展不起来。至于光量子纠缠源的产生和测试，涉及全新的知识和设备，更是难于在短时间内完成。最终，这一工作还是由于实验条件所限而没有完成。

聚合物量子纠缠源的设想没有成功，对于偏振性质的了解却给实验的新材料研究带来了丰富内容：除了上一章提到的仿生偏振识别器，还设计、制作了偏振调制光纤、偏光存储聚合物薄膜等新材料。

在众多的材料设计和制作过程中还逐步体会到：除了实验条件的需求以外，要完成交叉研究，建立交叉学科是前提。

就具体研究人员而言，需要知识交叉，融会贯通不同学科知识于一身。例如，对于量子纠缠，即使是简单的光量子纠缠，也是光子学的前沿。在正常的教育系统中，光子学和聚合物科学分属物理和化学两个学科，在研究生学习阶段，甚至在本科学习阶段，相关知识完全没有交叉。要开展这方面的工作，每一位研究人员都需要学习新的知识和新的实验技术。

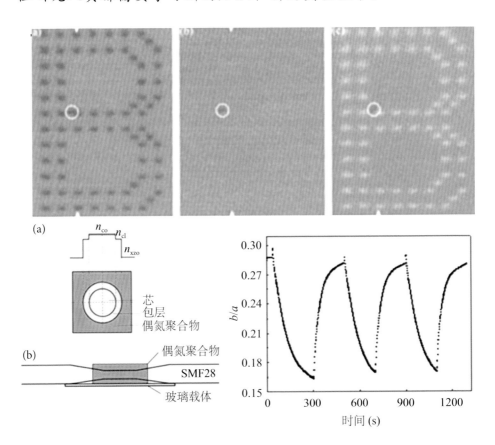

随着偏振概念的介入，光子学聚合物的研究展开了新的一页。上图为偏振存储的例子。具体实验方法是使用偏振光一次性在光响应聚合物薄膜中写入数据。然后使用偏振光来读出这些数据。从左到右依次是读出光偏振方向与写入光偏振方向成 0°、45° 和 90° 时的读出结果。从中可以看出：当读出光与写入光平行时，存储点为暗点；当读出光偏振方向与写入光偏振方向成 45° 时，存储点"消失"；当读出光偏振方向与写入光偏振方向垂直时，存储点为"亮点"。下图是聚合物–玻璃杂化光纤用于偏振调谐的例子。左下图为我们实验室制作的杂化光纤的剖面结构示意图和杂化光纤的侧面图。从侧面图可以看出：单模光纤（SMF28）除去包层后，涂覆上偶氮聚合物（azo-polymer）则形成了一段杂化光纤。随着偶氮苯聚合物薄膜光致双折射的产生，光纤新的包层的双折射会改变了传输光的偏振态。实验表现为偏振椭圆中短轴和长轴的比值 (b/a) 随着取向程度的变化而变化。右下图是偏振光和非偏光交替照射偶氮苯聚合物涂覆层，记录 b/a 的变化情况。结果表明：循环进行上面的实验时，b/a 的数值的变化趋势是可逆进行的。

众所周知，几百年来的学科发展已形成教育分科进行的方式。例如，自然科学教育分科进行，内容包括：数、理、化、天、地、生等众多学科。各个学科的内容已经确定，并且越来越丰富，使得在中学就提出分类教育，促使某几个学科的教育在中学阶段得到强化。实际上，如果想在科学前沿有所创新，就必须接受已有的各方面知识，包括各个学科的内容。分类教育有利于教育的进行，却对于创新是非常不利的。

为了解决培养学生的问题，我曾设想在研究生阶段设立一个新的交叉学科：光子学聚合物。然而，具体操作起来才发现存在一个问题：没有报考的学生。尽管报考研究生的学生，特别是那些免试推荐的学生，都是本科阶段学习的佼佼者。但是，学习成绩好的知识都是学生所在学科的内容。学习物理的同学，对于化学不了解；学习化学的同学，接受的仅是普通物理学习，对于前沿进展仅有了解，缺少系统的学习和实验训练。而新的专业则需要既具有物理知识和实验技能，也需要有化学知识和实验技能。这种具有多学科基础的大学毕业生可以说根本没有。建立新研究生专业的设想还没有试行就胎死腹中。

试想现代社会发展一日千里，对于多学科交叉的需求日益增长。理论上，大家都会意识到现存的、已经发展几百年的自然学科分类——数学、物理、化学等已经远远落后。社会需要的学科将会是老学科交叉融合形成的材料、信息、能源、生命、环境等新学科。面对这种社会发展和需求，大学的教育却难有作为，而更为基础的中、小学教育则更缺少这方面的敏感性，完全没有考虑到这方面。

在中小学开展科学课程只是为了拓展学生的知识面，缺少融合数、理、化、天、地、生的能力，而且在小学生阶段说这些能力也为时尚早。进入高中阶段，对于基础教育就开始有教有类，而不是有教无类。即使对于选择了理科学习的同学，还鼓励他们依据自己擅长的课程进行选择性学习。例如，有些学校会根据高考规则，要求学生选修物理或化学。据说这种教育方式改变的理论依据是快乐教育，以及衍生而来的素质教育。

年轻人应该快乐。但是快乐是建立在辛勤劳动基础上的快乐。选择捷径，放弃艰苦锻炼而得到的快乐是虚无的，只有通过自己努力而获得的快乐才是具体而长远的。20世纪50年代的人是在英雄主义教育熏陶下成长起来的，能够坚信这一教育理念。如今生活条件好了，个人至上逐渐抬头，造成教育上急功近利。很多家长忘记了自己的成长过程，或者是跟随现今的社会潮流，被迫给孩子上各种补习班，辛苦不说，还远远背离了教育是为了培养社会有用之才的理念。造成学生在中小学就过分强调个人喜爱，学习自己天赋擅长的知识和能力。很遗憾，这种天赋擅长很少有数、理、化、天、地、生领域。原因就在于我们这个社会原本就是一个现代科学落后的社会，自然科学知识远远没有普及，中、小学生很难在寻常人家体现出这种天分。除非个别有自然科学传统的家庭，能够出现这样一些展现出对自然科学有天分的孩子。然而，由于中学开始分科，还没有进入真正现代科学的学习，就自废武功，成了无法满足社会需要的综合性、复合型人才。

中、小学教育和大学教育（包括研究生教育）就像处于纠缠中的一对量子。两者共生，虽能区分，即使相隔万里，也是不离不弃。好的大学生，都是好的中学教育培养出来的。从上述进行聚合物量子纠缠源的事例来看，交叉学科如同量子纠缠，值得提倡。因为建立新的交叉学科是社会发展的基本需求，对于培养社会接班人的教育更是一种具有普遍意义的要求。中、小学教育和大学教育相辅相成，密不可分。愿我们的社会能够早一点意识到这一点，早开始建立相应的教育平台，开展相应的教育实践。不要像聚合物量子纠缠源的研究那样，事情做起来了才发现学科交叉不够，找不到合适的研究人员来完成交叉学科的研究。

总之，交叉研究需要学科交叉，学科交叉更是教育发展的必由之路。一个科学实验只能影响到一个实验团队和相关研究领域，而教育则是全社会的事业，来不得半点的马虎。聚合物光纤放大器和聚合物量子纠缠源的研究都体现出对学科交叉的需要，说明学科交叉是面向未来，培养新一代科学研究人员的要求。攀登科学高峰，不仅要开展交叉研究，还要进行交叉学科建设。新的交叉学科出现之时，真正具有综合素质的人才才能真正涌现。只有他们才能推动科学向着更深入的方向发展。

22 光镀——科学与技术

光镀方法是采用光纤传输光的倏逝场引发光镀液在光纤表面进行"点击"聚合，在光纤表面形成交联聚合物薄膜的新技术。这种方法的特点是速度快，聚合物薄膜的化学成分和结构可控。

—— 摘自《光子学聚合物》，中国科学技术大学出版社（2018）第 96 页

光镀是一种利用疏逝场引发光化学反应，在光波导表面形成一层微米厚度薄膜的新技术。由于在固体表面"形成微米厚度薄膜"方面类似电镀技术，所以将这一技术命名为"光镀"。进行文献检索后发现，这一概念还没有在正式发表的文献中看到，更不要说具体地使用"光镀"技术进行材料制备的内容了。这一横空出世的概念也不是突然冒出来的，而是在积累很多研究经历和进行长时间思考后的结果。

事情还是要从杂化光纤谈起。在制备玻璃-聚合物复合光纤的时候，一个简单的方法就是将聚合物涂覆在没有包层的玻璃光纤表面。看似简单的方法却因为玻璃和聚合物分别具有

"亲水"和"亲油"两种不同性质而出现了困难。在使用涂覆方法制备复合光纤时发现，涂覆的聚合物薄膜总是不均匀并很难控制厚度。这两者不仅影响复合光纤的质量，也会影响使用复合光纤所制作的光纤器件的稳定性和灵敏度。寻找一种能够克服这些不足的新方法来制备复合光纤的想法始终萦绕在头脑中。

对于不相容材料的结合面，最好的办法是使用化学键将两种不相容的材料"键接"起来。按照这一思路，最初是想在光纤表面进行光化学反应。具体做法是将光纤芯插入配好的反应液中，利用光纤芯表面漏出的光引发光化学反应在光纤芯表面发生，在光纤芯表面形成一层聚合物薄膜。这样的操作仍然不能获得理想的薄膜，即获得的聚合物薄膜仍然太厚，而且不均匀。分析下来，发现通过下面两方面的改进，有可能获得理想的复合光纤：

一、使用倏逝场来引发聚合反应。由于倏逝场强度仅存在于光纤芯表面的波长尺度范围，聚合产生的聚合物薄膜不会受到光纤芯表面形貌影响，聚合物薄膜厚度可能会得到很好控制。

二、使用反应速率很高的点击反应来完成聚合反应。通过控制反应液的配方，有可能获得很薄且均匀聚合物膜。

这两点改进后，果然在光纤芯表面形成了所需要的、薄厚均匀的聚合物膜。这一技术上的改进加快了对于复合光纤材料的制备和性质研究。为了清楚定义这一技术，试想了很多名词，总觉得不够简练和准确把握这一技术的含义。想到金属材料表面改性时使用的"电镀"技术，从现象上看，两者有相同之处，随即提出了"光镀"这一概念来描述这一改进后的技术。"光镀"的概念是否恰当，还有待于历史的检验。

从技术发明到明确定义，类似的故事在研究工作中有很多，反映着科学研究的一个规律，即从发现问题出发，提出技术上的创新，使用新技术解决问题，最后对新技术加以定义，增添新的知识，完成拓展知识领域的整个过程。

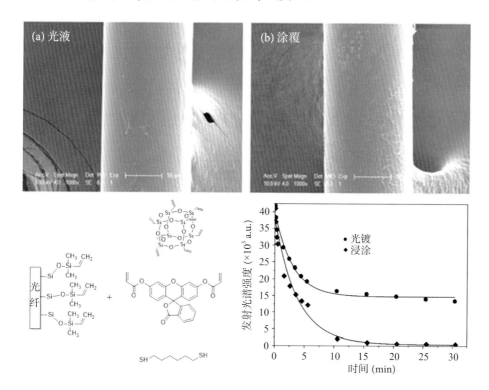

图的上部是光镀和涂覆所得聚合物-玻璃杂化光纤表面的扫描电子显微镜照片。左上部是光镀技术得到的光纤表面，右上部是涂覆技术得到的光纤表面。从照片上可以看出：由光镀技术得到的聚合物薄膜更为平滑，细小的形貌变化小于 1 μm，远小于使用涂覆技术得到的光纤表面形貌变化的尺度。平滑表面的薄膜会有利于复合光纤的传感性能。左下图是光镀过程中使用的化学成分：改进后的玻璃光纤表面含有双键，光镀液中的化合物含有双键和巯基，在倏逝场引发下，这一反应体系会快速进行烯-巯基之间的"点击反应"，30 s 内即可在光纤表面形成聚合物薄膜。随着膜厚的增加，超出倏逝场范围（近似处于引发点击反应所用光的波长范围）后，光强迅速减弱，不会再引发点击反应，成膜过程结束。为了比较光镀和涂覆所得聚合物薄膜的牢度，将制备得到的光纤分别插入洗脱液中，用薄膜的发射光谱强度对时间作图，得到右下图。从中可以看到：在开始 5 min 内，两者的发射光强度都有下降，然后，两者均保持在一定强度下不变。可以发现：由光镀得到的聚合物薄膜具有较强的发射光强度保留。说明光镀技术中，聚合物中的发光材料是以化学键方式键接在光纤芯表面，因而与光纤芯表面具有更为牢固的结合力。

首先是问题的提出。人们常说，提出一个问题比解决一个问题更重要。实际上，在现实工作中有很多问题普遍存在，只是敢不敢直面这些问题，而不是没有问题。解决问题存在很多困难，难以克服时，常使得很多情况下人们总是绕着问题走。一个为人熟悉的场景就是：在工作过程中，会常常遇头疼的问题。面对这些问题，只要静下心来，直面问题，认真考虑一下问题的具体内容，很多解决问题的答案就会获得。例如，在解一道数学或物理难题时，反复思考不得其解，已经很累的情况下，只要能静下心来问一下："这个问题"究竟是一个什么样的问题？就会明确"这个问题"的原本意思，解题的思路就会应运而生。回忆起在中学学习时，时常会遇到这种"再静下心来思考一下"的经历，不断激励着在日常科研工作中敢于直面困难，深入思考，直至解决难题。

当然，与单纯的学习不同，在科学研究中，仅有这种再思考的精神还是不够的。时常还需要针对所涉及的相关创新内容开展交叉思考，发展新的技术。"光镀"概念的出现就是一个很好的例子。

我们实验室使用最多的化学反应是光化学反应，而且将光化学反应与点击反应相结合是实验室开展的一部分工作。这种光化学反应中，光是作为一种能量而存在，维持化学反应的进行。一个显而易见的事实是，反应仅在光能够照射到的地方发生。光化学第一性定律告诉我们：被物质吸收的光才能引起光化反应。换句话说，光化学反应仅在光场中进行。

依据光纤中传输光的光场分析，倏逝场是一种存在于光纤芯和光纤包层界面处的稳定光场。从几何光学的角度来看，光纤芯（光密介质）中的光线会进入围绕光纤芯的光疏介质中，而且进入光疏介质中的光场强度会很快减弱至零（倏逝），整个场强衰减分布在距离光纤芯表面的波长尺度范围。利用这一光场来引发光化学点击聚合反应，有可能在光纤表面形成一层厚度仅为波长尺度的聚合物薄膜层。

结合上述从化学和物理两方面的思考，直面简单涂覆不能得到高质量杂化光纤的问题，将上述思考应用到实验过程中，最终产生了"光镀"的概念，并且在我们实验室成功地用于杂化光纤传感材料的制备。

思想的启迪是实验室的技术需求所推动的。正是因为通过在光纤芯表面涂覆来获得聚合物功能涂层比较困难，才促使深入思考这个困难。新思想的产生又促使新的技术诞生。从思想到实践的过程产生了"光镀"这一制备光纤传感材料的新技术。

我在实验室的科学实践中体会到：这个过程具有典型意义，能够充分说明科学与技术的密不可分关系。首先，科学产生于不懈的思考。如果面对科学探索过程中的困难不去深入思考，就不会产生将倏逝场引入表面光化学反应的思路；其次，在有了思路之后，只有再对已有的概念（实例中的点击反应和倏逝场两个概念）进行杂化处理，通过不断的实验，才能获得新的技术，即光镀技术。这样两方面的关系实际上就是科学和技术互相依存，又互相促进的关系。科学依赖技术进步，新技术的产生常常出于科学探索中的需求。两者在对未知世界的探索中是不可分割的两个方面。

同时也要看到，科学与技术又是有区别的，具有不同的属性。时常出现的缩写词"科技"，将两者的关系看成同等重要，这是没有问题的。但是只有在正确理解两者的真正内涵，明确两者之间的区别，才能够帮助科学与技术同时发展。这也是中国科学技术大学特别强调自己的校名是"中国科学技术大学"，不太喜欢时有采用的简称"中国科技大学"的原因之一，并不仅仅是因为简称中缺少了"学术"二字这样简单。

"科技"一词是"科学技术"的简称。这一简化的结果是将科学、技术放到了同等重要的地位。这对于具有"重文轻理""重理轻技"传统文化的改进是有帮助的。在中国长达几千年的历史中，科举制度已经形成了一种文化，"万般皆下品，只有读书高"已经成为激励年轻人的经典理念，而技术这种既需要动手又需要动脑的工作则长期被认为是"贱籍"人的事情，在中国长期得不到发展。结果就是长期处于缺少先进技术的农耕社会，生产力极为低下。有人提出"科举制度"是中华民族的重要成就，是一种远好于"投票选举"的人才选拔制度。这是只看到"科举制度"好的一面，而忽略了"科举制度"中的糟粕内容。按照"去粗取精，去伪存真"的原则，对于"科举制度"应有全面解读，取其精华，去其糟粕，按照社会发展的规律，建立能够促进社会生产力健康发展的人才选拔制度。

与科学不同，技术是人类为了满足自身的需求和愿望，改造自然的方法、技能和手段的总和。如果说科学是出于满足人类的好奇心，技术则是出于实现科学的手段。由此可见，两者既有区别，又密不可分。

强调区别是因为两者的内涵不同，在划分科学研究领域和实际管理上都有不同的要求。将两者混为一谈，则造成眉毛胡子一把抓的情况，无法推进各自的发展。最为突出的一个例子就是：众多的自然科学基金申请过程中，"关键科学问题"找不准。很多情况下，申请中都会将"关键科学问题"写成"关键问题"，甚至是"关键技术问题"。这类现象的结果是将基础研究，甚至应用基础研究推向技术研究，对基础科学的发展极为不利。

改变这样的状况，不是仅仅强调加强基础研究就能够解决的。相反，在"重理轻技"的传统文化氛围中，需要强调的是加强技术。而不是基础性的科学研究。实践中也会明显发现，进行基础科学研究的队伍和人员越来越多，而从事技术教育和从业人员在逐步减少。问题的解决需要改变传统文化带来的惯性思维，同时要在教育中强调科学与技术的差别，让每一位受教育者都能在学习中认识到科学与技术是两种不同的事情，从小就培养起对科学与技术的清晰认识，并且在受教育阶段就能够根据自己的兴趣爱好，以及自身能力和条件，认真考虑自己未来职业的选择，而不是简单的将"科学技术"简化成"科技"，在进入职业阶段时出现各种"张冠李戴"式的就业。

从注重科学发展的诺贝尔奖的颁奖历史上也可以看出科学

与技术既具有差别，又具有同等的重要性。在科学迅速发展的
20 世纪，每一个领域的奖项都是科学发展的里程碑。进入 21
世纪，许多以前不入评委视野的重大的技术进步也进入了诺贝
尔奖的评选范畴。这一方面是重大的科学发现遇到了瓶颈期，
另一方面也说明重大的技术进步对人类生活也起到重要作用，
值得人们给予重奖。

23 三维光存储
——极限条件下的探索

利用双光子吸收（以及同样原理的多光子吸收）的高度空间选择性，能够进行三维光存储。

——摘自《光子学聚合物》第 113 页

极限条件下的世界究竟有什么？这一科学问题吸引了各领域研究人员的兴趣。探索物质终极尺寸的粒子（微观）科学和天体（宏观）科学就不用说了，随着激光（强光）的出现，相关探索逐渐拓展出强激光、非线性材料、纳米材料、强磁场和超导等极限条件下的研究领域。这些靓丽的名词后面都有着科学研究人员的点点滴滴工作，他们的辛勤努力正在构造出一个超越现实的新世界。例如，双光子吸收是在强激光条件下发生在非线性材料上的现象，得到了广泛和深入的研究。在光子学聚合物实验室，除了前面提到的双光子聚合的工作以外，还利用双光子吸收开展了光存储的研究。

现在，身边最常用的存储工具是 U 盘存储。这是在电子系统中最方便，存储量最大的一种存储工具。人们已渐渐淡忘了光存储，例如多年前普遍使用的光盘。然而，作为信息载体而言，光的信息承载量要远远大于电的信息承载量。光计算机现在还在研究阶段，光作为信息载体还不能取代电作为信息的载体。然而，使用光作为信息载体的科学探索一直在默默地努力着。

这个探索过程中常常会看到这样的情况：伴随着科学和技术的进步，在推出新产品的同时，会淘汰旧产品。这种例子最为普遍的就是胶片，包括照相底片和影视胶片，已经完全被电子影像技术所取代。而且，从使用方便和价格方面来看，这种取代完全没有回头的可能。作为普通消费者，在亲身感受身边变化的同时，也会注意到不同的社会管理方式对科学技术进步会有不同的应对。

一方面，随着这种变化越来越多，整个社会形态正在发生变化。例如，更为方便的电子商务，已经影响到了街面上的实体商务，使得社会整体经济形态发生变化，以及所导致的社会各方面的变化，包括一代人的经济收入和生活习惯，等等。另一方面，即使在经济较为发达的社会，仍然在使用光盘、一体式空调、磁带影像制品等已有几十年历史的商品。

每一位社会个体怎样看待这样两方面问题不得而知。在多年基础科学研究基础上，从材料科学角度来看，一件有趣的事情是：从这样繁复的变化中寻找出如何表达社会发展所遵循的规律。

不同领域的人都有自己对社会发展规律的认知。例如，社会学家认为人类社会发展就是从奴隶社会，到封建社会，再到资本主义社会、社会主义社会，直至共产主义社会。这样一个社会发展规律完全是依靠着人类生产力的不断增长。因此，经济学家会将这样的社会发展过程看成是一个从游牧社会到农耕社会，再到工业社会的发展过程。而在一个材料科学家的眼中，这样的社会发展过程可看成是从石器时代，到青铜器时代，再到钢铁时代，直到目前的各种金属、无机非金属和有机固体（包括聚合物）材料共同发展的阶段。应该说，社会发展到今天，材料正在从结构材料向着更为精细结构和丰富性能的方向发展。这些研究构成了目前材料科学发展的主要内容。

材料科学的发展与社会的发展是互动的。在整体上看，在人类历史前期，是材料在推动社会发展；而到了近代，社会发展在不断对材料提出要求，推动各种材料（包括结构材料和功能材料）的研究和应用。这就给当代从事材料科学研究的人员提出了一个问题，是否存在这样的关键材料，它的诞生能够改变社会发展现状，或者求其次，能够推动社会的可持续发展。回答这样的问题，很多材料学家是在看清社会发展方向的基础上，面向社会的需求，对材料进行设计和制备，进而为社会发展提供新材料。而这些能够改变社会发展现状的工作则常常是在不经意之间所完成的。

这样的故事在科学领域中是不胜枚举的。最为熟悉的例子，就是光纤的发展推动整个社会进入到信息化社会。即使远隔千山万水，仍然能够面对面地谈话聊天。这样的场面在光纤材料出现之前，是无法想象的。这样的变化，即使是光纤材料的发明人也是无法想到的。最初的想法只是一时的好奇：如果玻璃足够纯净，光纤是否也可以用光进行信息传输呢？事情发展到现在，已经知道，信息的传输并不仅仅是一个光纤的事情。要想信息传输系统能够实现远隔万水千山的当面对话，除了光纤的高带宽信息传输以外，还需要各种周围器件的高带宽信息调制。正是后者，使得科学家们在 21 世纪将要到来时高呼"下一个世纪的主要工作将集中在一个方面：驾驭光"。

驾驭光？谁来驾驭。当然是材料。由于无法直接驾驭光，人只能通过材料来驾驭光。光在材料中传输时会受到各种折射率界面的影响，在人工材料中控制各种折射率界面就能够实现光的驾驭。现在人们津津乐道的光子晶体就是这样一类材料：它能够实现将直线传播的光驾驭成可以向任意方向传播，包括锐角方向。这样的光子学材料和器件正在研究之中，它在未来给信息化社会将带来什么样的变化，大家正在拭目以待。

从信息化社会发展的需求来看，相应的光存储材料应该是具有应用前景的。现在的 U 盘材料，仍然是满足现有信息系统的电、磁存储材料。尽管目前的存储容量已经能够满足需要，但是，从光作为信息载体的带宽要远远高于电作为信息载体的带宽这一基本点出发，未来的信息化社会必定是光的世界，对于光存储材料的需求是潜在的，也是必然的。基于此，探索光存储材料领域的未知知识和规律已经成为现在信息材料领域的前沿。

首次接触光存储材料还要追溯到在日本池田实验室工作时间。池田实验室的一项基础性工作就是偶氮苯聚合物的图像存储研究。回想起来距今已经近 30 多年了。光存储研究领域的基本问题之一就是如何提高存储密度。理论上，偶氮苯的光存储是基于偶氮苯基团的顺反异构，也就是说，偶氮苯的信息存储密度可以达到分子水平（一个纳米以下），这是使用偶氮苯进行光存储的极限。这样的高密度存储目前还没有实现，值得发展新技术，深入探索。

　　双光子吸收可以用于制作三维物体，也可以用于刻写三维光存储，将二维的光存储推广至三维光存储。采用这样一种方法，可以提高单位面积上的光存储密度。我们实验室首先使用双光子技术在稀土掺杂聚合物材料上刻写三维光存储。实验成功后，又将双光子刻写引入偶氮苯聚合物，开展了偶氮苯聚合物的双光子存储实验，展现了双光子理论和实验技术在偶氮苯聚合物存储材料中的应用。

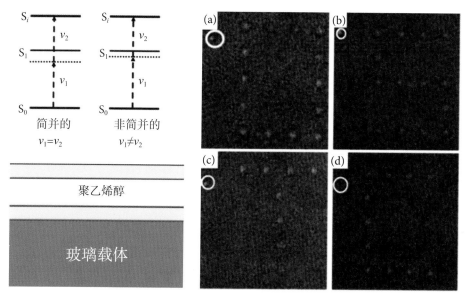

　　早在 1931 年，Göppert-Mayer 就提出原子或分子可以同时吸收两个光子而跃迁至激发态，并用量子力学基本原理研究了双光子吸收过程，导出与单光子吸收不同的双光子吸收选律，因而双光子吸收截面的单位被确定为 GM，以纪念双光子吸收原理的提出者。由于双光子吸收是材料在强光作用下的非线性光学效应，要求激发光有足够高的光子密度

（光强度）。所以，直到20世纪60年代初高功率脉冲激光器出现以后，才从实验上证实了双光子吸收过程的存在，其吸收机理如左上图所示。为了将双光子吸收用于三维光存储，我们选用具有光活性的偶氮苯聚合物作为存储层和不具有光活性的聚乙烯醇（PVA）作为间隔层，采用传统的"三明治"式方法了制备了三层复合膜，如左下图所示，在两层存储层（黄色）中间插入一层间隔层（白色）。经台阶仪测量，我们获得的均一、透明的复合三层薄膜中，光响应层的膜厚为500 nm，间隔层的膜厚为12 μm。存储实验中，将复合薄膜置于扫描台上，将写入光分别聚焦到上、下存储层，分别用偏振方向夹角为45°的两束光在上层写入"U""S"两个字母，在下层写入"T""C"两个字母。通过将显微镜聚焦到不同刻写层，可以看到多层偏振存储字母，如右图所示：从中可以看出数据读出时串扰很小；而由于PVA间隔层的存在，两层光响应层中写入的数据也能实现清晰读出，层与层之间的串扰较小。上述结果表明，多层膜材料是一种新颖的、制备方法简单、结构可控的光存储的介质。将多层膜材料与双光子存储技术结合，可以发展成为一种三维光存储方法。

在向光存储极限目标前进的道路上，吸引我们不断努力的动力就在于使用光是最佳信息载体这样一个极限性质。随着光子计算机的进步，使用全光系统来代替目前的电子系统应该是未来信息化社会的基础。当然，达到极限的过程是一个无限接近目标的过程，也是一个不断前进的过程。最近，有报道说，量子计算机的研究也取得了新的进展。这一进展代表着人类向着目标——全光信息系统，正在不断地努力前行。

24　囊泡——科学中的偶然发现

　　超分子组装体是基于分子间相互作用形成的分子尺寸以上的物质实体。相比于化学键，分子间作用力较弱，组装体的稳定性受到周围介质的影响很大，组装体的大小也常常处于微纳尺度，宏观尺度的超分子组装需要特殊的条件。两亲性嵌段共聚物在不同环境条件下也能够组装形成超分子结构，例如各种球状、棒状和囊泡聚集结构。

——摘自《光子学聚合物》第 118 页

　　组装是分子在外界条件（包括温度、浓度、压力等）发生变化时发生的凝聚过程。这样的过程在材料的制备和器件的制造过程中普遍存在，对制造品的性质有很大的影响，引起了广泛的注意和研究。例如，在材料加工的过程中，由凝聚产生的稳态、亚稳态组装体会成为材料结构的组成部分，某些组装体还会成为决定材料性质的关键结构成分。

　　作为分子量很大的聚合物分子，它的组装当然也会成为聚合物凝聚态研究所关注的内容。特别是，作为人工合成材料，聚合物的化学结构可以人工调节和控制，不同的化学结构变化给聚合物的组装过程带来丰富的内容，包括人为控制组装体结构。

偶氮苯聚合物囊泡的工作始于嵌段型偶氮苯共聚物的合成。这一类嵌段聚合物的制备采用的是 RAFT 聚合方法。在一次实验室内部的组会上，我们讨论了 RAFT 聚合需要很长时间的问题，直接导致了外加磁场条件下的 RAFT 聚合研究。这件事情说明，我们实验室内部的学术交叉很容易产生，其产生的土壤就是实验室组会。实际上，采用 RAFT 聚合的初衷是想看一看光响应的嵌段聚合物的组装体有没有新的结构与性质。

为了完成组装，嵌段共聚物设计成两段：一段为疏水段，化学结构为偶氮苯聚合物链；另一端为亲水段，由一类亲水性聚合物构成，包括聚乙烯醇、聚丙烯酸等亲水性聚合物链段。这样的设计就是方便进行下一步的组装：溶解在有机溶液中的嵌段聚合物溶液在加入水中后会选择性地进行聚集，也就会发生亲疏水组装。然而，具体实验操作会影响到组装体的形态。

实验上的具体操作会怎样影响组装体的结构形态，理论上难以预计，只有在实验中仔细观察。在进行嵌段共聚物组装过程中，一种出乎意料的现象发生了。当把嵌段共聚物的四氢呋喃溶液逐滴加入大量水中时，共聚物会组装成为尺寸不等的实心颗粒；在向四氢呋喃溶液中逐滴加水时，嵌段共聚物组装成为具有空心结构的囊泡，而且是具有微米级尺寸、肉眼可见的大囊泡。

相比于简单聚集形成的颗粒，囊泡是具有中空结构的粒子，可以想象成空心的篮球。不同的是，组装形成的囊泡有夹心结构的囊泡壁：中间是疏水的偶氮苯聚合物，内、外两面则由亲水的聚合物链段所覆盖。这样一种特殊结构使得偶氮苯聚合物囊泡有很多新的组装体性质，也是在对这些性质的研究中才逐渐认识清楚了囊泡的特殊结构。两者相互印证的过程给偶氮苯聚合物囊泡的研究带来丰富内容。

实际上，由于合成的困难，我们实验室最初只能得到很少的嵌段共聚物，随之而来的就是只有很少的嵌段共聚物溶液。在这样的现实条件下，最简单的方法就是将水滴加到聚合物溶液中，直接观察会发生什么现象。结果，在光学显微镜下直接观察到了微米尺寸囊泡。只是在后来的实验中才发现：反向过程，即向水中滴加聚合物溶液，只能组装成已经普遍研究过的，实心的纳、微米颗粒。大量水滴加到聚合物溶液中形成的微米空心囊泡的工作尚没有见到文献报道，相关研究就此从这一特殊组装现象开始起步，取得了一系列、有趣的实验结果。

宏观尺寸聚合物囊泡的发现和相关研究给了我一个启示：有意义的实验结果常常发生在不经意的实验操作和仔细观察之中。

在研究工作中，常常遇到一个困境就是实验没有得到所预想的结果，并归之于失败。这不是科学工作应有的态度。科学本来就是探索未知，很多事情是无法提前预想的。所有的实验计划都是在一些假设条件下提出的，而这些假设条件的所有依据是已有的知识。按照这个原理，所有符合预想的结果并不具有创新性，而出乎预想的结果常常是具有很高的创新性。在科学发展的历史中，这种故事不胜枚举。

最早的文字记载就说明聚合物的发现是一个偶然事件。在

1839 年，柏林的一位药剂师——西蒙，正在蒸馏一种香脂，偶然发现在蒸馏瓶的瓶壁上出现一种白色的黏稠物，与所需要的香脂不同。他没有轻易地抛弃这种未知物，而是将它交给分析化学家进行了成分分析。结果发现：这种白色黏稠物的化学组成与苯乙烯相同，但又与苯乙烯的性质不同，随即将它命名为类苯乙烯。现在知道，这就是目前广泛使用的聚苯乙烯。当时的实验记录也被认定是发现聚合物材料的最早文字记录，成为聚合物材料发展历史中的佳话。

液晶的发现也是偶然的。1888 年，奥地利植物学家莱尼茨尔在观察胆甾醇的熔点时，发现胆甾醇的熔解过程与一般晶体不同：在固体熔解直接变为液体后，不是由不透明直接转变为透明，而是经过了一个固体已经成为液体，但仍然是不透明的过程，随后才变得透明。这个过程是可重复的，说明一定存在一个热力学稳定的中间态。在反复研究后，将这种既是液体，又部分有序（偏光显微镜下不透明）的物态称为液晶。液晶发现后，一直作为科学研究对象，没有发现重要应用。直到 20 世纪 60 年代，与液晶相关的诸多实用技术发明以后，才将液晶材料普遍使用起来。目前的液晶应用已经硕果累累，已经成为生活中无法避开的基础材料。

近期的聚集诱导发光也是这样一个例子。在制作荧光材料的过程中，发现合成荧光分子的溶液没有荧光。正在准备放弃这一实验结果时，偶然发现滴在实验台面上的一滴溶液，在自然挥发干燥后，却在紫外灯照射下产生了荧光。实验者没有放弃这一奇特现象，深入研究后发现这是一种聚集诱导发光现象。也就是在聚集过程中，分子发生了聚集组装，改变了能级结构，其中伴生了亚稳态的荧光能级。

在历史发展的长河中，无数事实都在说明一个道理：科学中的偶然发现是推动科学发展的动力之源。抓住偶然的发现，直接面对不合常理的现象，深入思考下去，就可能获得新的知识和事物发展规律。偶氮苯聚合物囊泡的发现也是无数偶然发现中一个小小的例子，并带来很多有趣的现象。

偶氮苯聚合物囊泡被发现以后，特别是由于囊泡是肉眼可见（显微镜下）的组装体，很快成为我们实验室一时的研究热点。关键的科学问题在于这种囊泡的形成机理，以及偶氮的光响应性和囊泡的中空结构所带来的各种可能性质。针对这些未知答案的问题，我们实验室开展了长达十多年的研究。在众多研究结果中，值得一提的结果包括：囊泡的光致收缩－膨胀运动；囊泡的光致形变；手性偶氮苯聚合物形成的囊泡可以对手性物质进行拆分；类似细胞融合，两个囊泡之间也会发生光致融合；等等。

大尺寸囊泡的性质可以在光学显微镜下直接观察，这是研究工作的一大特色。观察发现：大尺寸囊泡的形成与嵌段共聚物的化学结构相关性较小，即由同一偶氮苯聚合物和不同亲水性聚合物制成的嵌段聚合物都能够形成大尺寸的囊泡。实际上，仔细考察这些囊泡的光响应行为还是会发现：囊泡的性质与嵌段共聚物的化学结构存在一些细微的相关性。例如，采用链柔性不同的亲水性聚合物，得到的嵌段聚合物囊泡的光响应会有差别：较柔亲水链段形成的囊泡在光照下会发生形变，甚至在两个囊泡碰撞到一起时，还会发生融合，即两个小囊泡融合成为一个大囊泡；较硬亲水链段形成的囊泡则不然，在光照下，囊

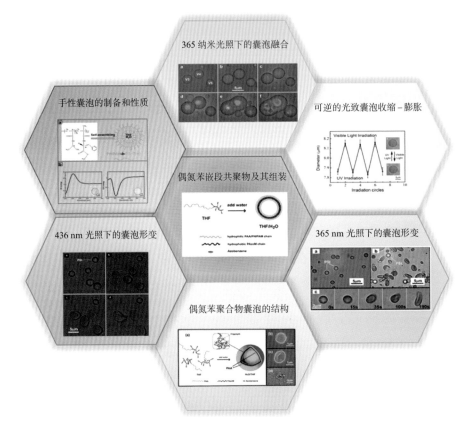

偶氮苯聚合物是疏水性聚合物，并具有光响应性质。将偶氮苯聚合物作为链段与亲水性聚合物链段连接起来，就成为一种两亲性的嵌段光响应聚合物（中间图）。将水滴进这种聚合物的有机溶液，就可以得到一种微米尺寸的光响应囊泡。这种囊泡具有中空结构，囊泡壁的内外是亲水的聚合物，内部为偶氮苯聚合物（下图）。这种聚合物囊泡的基本性质是具有光响应性质，并且在不同波长的光辐照下，会出现不同的光子形变（左下和右下图）。把这种囊泡内的偶氮苯聚合物交联起来，可以得到光致收缩–膨胀的囊泡（右上图）。当把偶氮苯聚合物链段中引入手性分子时，可以得到手性囊泡。这种手性囊泡可以用于制作手性分离材料（左上图）。最为有趣的现象是：这种光响应囊泡还能够发生光致融合现象：由两个囊泡融合形成一个较大的新囊泡，类似于生命体系中的细胞融合现象（上图）。上述各种囊泡的特性都与嵌段聚合物的化学结构紧密相关。丰富的性能都是未来潜在应用的出发点。开展这类聚合物及其囊泡的光响应性质研究为这些潜在应用奠定了实验基础。

泡会发生收缩－膨胀运动。如果在囊泡层中加入交联剂，使得囊泡壁中的聚合物链进一步连接起来，囊泡的光致收缩－膨胀运动的程度还会增加，充分体现出聚合物链之间的协同作用。所有这些特异性质都是具有应用前景的有用行为。在这些研究工作的基础之上，相关工作仍未有穷期，正在向获得具有更精细化学结构和更新奇性质囊泡的方向发展。

25　太阳能——实验方法

将光致发光（荧光）技术与光波导技术相结合，将太阳光转
变为荧光，再通过波导将光能传送给光伏材料，是一种被称为
荧光波导太阳能收集器（fluorescent solar concentrator, LSC）的
太阳能收集方法……

—— 摘自《光子学聚合物》第 138 页

光子学聚合物的多数工作建立在光作为信息载体的基础上。
实际上，人们使用光的第一特性乃是光是能量的载体。人们对
光的崇拜多是因为光芒四射的太阳光不仅给我们提供照明，还
提供了温暖。直至今天，在绿色、环保和可持续性发展的需求
下，太阳能的开发和应用正在日益普及。其中最为广泛应用的
应用技术就是利用太阳能直接发电。

太阳能发电的原理源自 100 多年前爱因斯坦发现的光电效
应。具体到光致发电，则是半导体的光电效应，或光电导效应。
光电导效应的内容很简单：当光照射到半导体的 P-N 结以后，
P-N 结的接触面处就会形成电势差，成为电池。当电池与外界
导电回路连接就会产生电流。如果产生电流时照射的光是太阳

光，这一类由半导体材料（通常为掺入一定量杂质的硅：硅原子有 4 个外层电子，如果在纯硅中掺入有 5 个外层电子的原子如磷原子，就成为 N 型半导体；若在纯硅中掺入有 3 个外层电子的原子如硼原子，形成 P 型半导体。两者接触面处称为 P-N 结）制成的电池则称为太阳能电池，或光伏电池。

关于太阳能电池所用的半导体材料的相关研究已有了上百年的历史。早期（20 世纪 60 年代）的太阳能电池材料价格较高，人们设想出很多节省太阳能电池材料的光伏发电方法。荧光波导太阳能收集器就是一种。它是使用大面积波导板的表面作为接收太阳辐照的辐照面，只在波导板的端面贴上太阳能电池。照射到波导板表面的大量太阳辐射通过波导板传导到端面，激发太阳能电池材料发电。这样的设计可以大量节省太阳能电池材料的用量，在不改变太阳能电池材料的发电效率的同时，降低使用太阳能的成本。

这种将波导与太阳能电池材料相结合，廉价利用太阳能的技术是一种学科交叉的产物。在当时，受到太阳能发电领域的欢迎。其后，随着半导体材料的不断改进，太阳能电池材料的价格不断下降，这种通过少用太阳能电池材料来提高发电效率的技术渐渐淡出了人们的视线。

直到 2008 年，在应对经济危机的脑力风暴中，人们又结合新的科技发展，认识到一种应用这种太阳能发电技术的新途径：通过在波导板中加入荧光分子，将太阳能电池本来不能吸收的光转化为太阳能电池可以吸收的光，从而进一步提高太阳能的利用效率。这是因为太阳能电池材料的吸收光谱具有一定范围，很难将所有太阳光全部吸收。这一技术方案将不能吸收的太阳光让荧光分子先吸收，再转化为太阳能电池可以吸收的光，通过波导板传递给太阳能电池，从而扩宽了太阳能电池吸收太阳能的光谱，提高了太阳光的利用效率。另外，选择不同的荧光分子进行共掺杂，会将更多太阳能电池材料不能吸收的光转化为太阳电池材料能够吸收的光，进一步提高太阳光的利用效率。

这个设想很好，在执行中却遇到一个本征问题：荧光分子的吸收光谱常常与发射光谱有部分重叠，造成光在波导中传播时，又会被传播途径上的其他荧光分子所吸收，造成一种被称为"自吸收"的损耗，给原来的设想带来效率的降低，极大地影响了这一设想的实际应用。

全世界相关领域的科学家均对准这一难题开展研究。在光子学实验室，这一难题正是发展有源聚合物光纤材料所面对的问题。在已有的研究中发现：使用吸收峰与发射峰完全分离的荧光分子是解决这一问题的可行方法，而有源聚合物光纤中已经使用的稀土络合物荧光分子符合这一要求。

定性的分析很清楚。然而，现代科学需要实验数据，而不是一般意义上的定性论述。实验本身并不难，测量不同长度的有源光纤的荧光量子效率即可。在我们实验室遇到的困难是：实验室制作的稀土掺杂有源聚合物光纤只有数十厘米，不舍得采用截断法将其一段一段地截断来测量光纤的荧光量子效率。实验中采用了遮盖法，发表的论文中则偏爱性地称其为钢琴键法。该方法是将一种黑纸像琴键一样剪开，盖在光纤上面。光纤被照射的长度则由掀开的"钢琴键"数目决定。这一小小的设计完全提高了实验进度，很快就得到了实验结果：与普通的荧光有机分子相比，稀土络合物荧光分子的转换效率很快会达到一个平衡值，不再随着波导的延长而降低。这个研究结果将荧光波导太阳能收集器的相关技术向前推进了一步。

　　在基础研究实验室中这样的故事是经常发生的。有的同学认为这很简单，不愿意动脑子思考这样的问题。实践证明这样简单的实验方法改进研究是值得的，也能够快速推进科学研究工作。科学并不神秘，只要找到科学前沿，发展合适的实验技术和方法，探索得到新知识及其相关规律的工作并不困难。难就难在是否能够既动脑又动手。既动脑又动手才能有创造。

　　更值得思考的问题是科学探索与实验方法的关系问题。在科学研究中，要获得未知知识及其相关规律，方法的改进是必不可少的。在这里，所谓方法就是在实验室现有条件下实现实验方案的具体操作。讲起来很简单，多数情况下，多数学生只会看文献，按照文献报道的方法进行操作。这种做法是一种捷径，关键在于文献是否能够提供核心实验步骤和实验室是否具备文献中要求的实验条件。近些年来，后者已经基本上满足要求，而前者则越来越差，很多文献报道的实验操作过于简单，很难重复。面对这一情况，需要实验者能够结合实验室现有条件，设计出自己的实验方案和具体实施方法。更何况，在进行基础研究的实验室，常常都是创新性的研究，更需要有自己独创的实验方案和实际操作方法。

　　类似的事情在我们实验室不胜枚举，创新的方法应该在基础研究实验室大力提倡，开展比、学、赶、帮、超来推动实验方法的设计和改进。在这个过程中，具有指导责任的老师更钟爱既动脑又动手的学生。近一段时间以来，网络上已经出现是招收城市学生，还是招收农村学生的争论。从学习角度讲，中国历来有"有教无类"的传统。作为教师，不应该有对公开招考的学生再进行分类区别对待的想法。但是，在实际上，生长环境的差别确实造成学生之间的见识差别、经济差别和性格差别。作为老师，应该认识清楚每一位同学身上的这些差别，能够对不同学生进行不同的指导，力争使得他们在走出校门时减少这种差别。

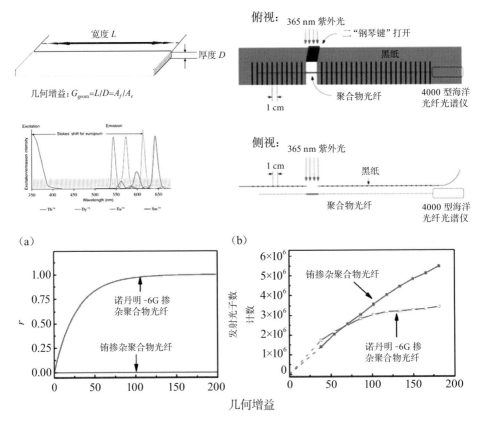

波导太阳能收集器是将太阳能电池材料贴附在波导端面上，间接接受由波导板传递过来的太阳光线（见左上图中波导板太阳能收集器模型示意图），从而提高太阳能电池的使用效率。效率的提高可用波导板面积

和波导板端面面积的比值来表示,称为几何增益。20 世纪 60 年代初提出这一概念,就是想使用大表面积的波导板接收太阳光线,并传递到波导板端面上的太阳能电池进行发电,以减少太阳能电池材料用量的应用。随着技术进步,太阳能电池材料价格不断下降,使得这一技术在很长时间不再提起。直到 21 世纪初,认识到将荧光分子掺杂进入波导中,并将太阳能电池不能吸收的光转化为能够吸收的光,再由波导传递给太阳能电池,可以提高太阳电池的利用效率。应用这一技术时又发现荧光分子有自吸收性质,即发射的荧光会部分被荧光分子再吸收。这是由于荧光分子的吸收和发射光谱之间存在着重叠。这一现象在波导传播过程中会随着波导的加长而越显严重。为了克服这一荧光分子的本征性质,我们实验室提出使用稀土络合物作为荧光分子。从左上图可以看出,稀土络合物的吸收在 350 nm 左右,发射多是大于 400 nm 的窄发射峰,完全没有重叠。实验上使用稀土掺杂聚合物光纤作为样品进行研究。具体操作是使用"钢琴键"方法,如右上图所示,即使用剪出的、钢琴键似的黑色纸带,覆盖在光纤表面。需要照射的光纤部分可以通过掀开不同数目的"钢琴键"进行控制。采用此方法,很容易就得到了如图所示的实验结果。从左下图中可以看出,典型的有机荧光分子罗丹明的自吸收(纵坐标 r 是自吸收系数,其大小表示自吸收能力的大小)比稀土络合物的自吸收要大得多。从右下图中可以看出:两者的发光效率与太阳能波导收集器的几何增益的关系差别更大。特别是当几何增益较大(相应的波导长度较大)的时候,罗丹明掺杂聚合物光纤的效率会降低到一个平衡值,而稀土掺杂聚合物光纤的效率几乎没有变化,随着几何增益增加而增加,克服了普通荧光分子的自吸收影响。

这种指导的具体方法很多,其中最为常用和切实可行的方法就是大力宣传在实验中能够提出自己独特实验设计的想法,使得提出这个想法的学生得到鼓励,也使得暂时还没有这个能力的学生获得启发。同时,要给实验室所有同学提供同等机会和实验条件,保障每一位同学都能获得相应的指导,并在指导中帮助来源不同的学生改进不足，保持优势。最终都能顺利完成学业，成为一名合格的毕业生。

这样的培养方式是非常重要的。从荧光波导太阳能收集器的例子可以看出，科学的探索需要方法的支撑。而创造新方法的能力与个人的见识紧密相关。一位博士研究生毕业时，毕业论文答辩给出的评语中必须包括一句：已经具备在相关领域独立从事科学研究的能力。这里特别强调"独立"二字的内涵，即自身就能够做到既动脑又动手地从事科学研究工作。从事科学研究，不仅要在继承人类知识的基础上找到研究内容，设计实验方案，更为重要的是找到探索目标的实验方法。大胆的科学探索和可靠的实验方法紧密结合才能创造出新的发现，两者缺一不可。

目前的现状是大家都重视科学，对于实验方法存在或多或少的轻视。这样一种现状的改变，真正区分清楚科学、技术和实验方法的具体内涵，还需要从学生开始，从学习做基础科学实验开始，这是来不得半点虚伪和骄傲的。做到这一点，并不代表我们将会取得多么显著的科学成果。但是，通过一点一滴的科学发现积累，通过一代又一代学生的培养，整个民族的科学素质得到不断提高后，科学技术才能得到全面进步，社会才能实现可持续的发展。

万事开头难。为了适应这一时代要求，我们实验室从现有条件出发，规定每一位即将毕业的研究生，需把自己认为的工作中最为关键的实验方法和操作制成录像，作为我们实验室的资料永久保存。这一做法实在是想通过点点滴滴的积累，来实现持续发展科学研究的愿景。希望在不远的将来，这样的技术演示能够伴同科学论文一起发表，成为科学宝库中永久保留的内容。

26　光伏组件——产业化

硅基太阳能光伏组件是利用太阳光获得电能的主要技术方法。自从 2011 年提出在封装 EVA 胶膜中引入荧光材料来提高组件的光伏转换效率以来，实验室已经完成技术路线的探索，正在进入产业化过程中。

——摘自《光子学聚合物》第 149 页

经过近百年的发展，太阳能发电仍然是一种价格高于火力发电和水力发电的产电方式。只是在环保要求下，人们不得不使用这种不经济的电源，同时不断改进太阳能发电过程中的各个相关环节，希望在不远的将来能够低成本地获得来自阳光的清洁能源。

光子学聚合物实验室开展增效太阳电池组件的工作正是在这方面所做的努力。针对现有的太阳能电池组件的封装材料仅用于封装，没有考虑封装材料能否增效的问题，研究工作的主要内容就是研制一种增效太阳能电池封装膜。

太阳能电池组件中使用的封装材料是一种聚合物薄膜。作为一种透明的热熔胶膜，在通常的太阳能电池组件中，主要是起到将电池材料和组件的玻璃面板胶合起来的作用。将荧光分子引入这一层材料，荧光分子能够吸收太阳能电池材料不能吸收的高能紫外光，并转化成太阳能电池可以吸收的可见或者近红外光线。这些荧光进一步进入太阳能电池材料层，会提高太阳能电池的光吸收量，从而提高太阳能电池组件的光电转换效率，降低成本，最终实现提高太阳能电池组件效率的目的。

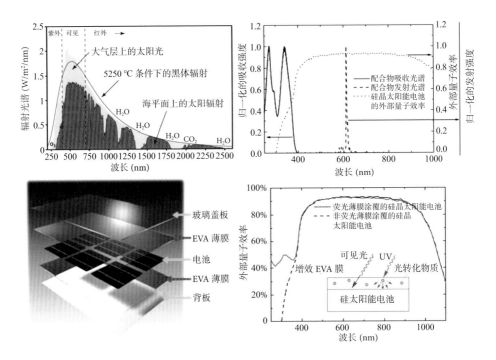

太阳光是地球的能源之源。太阳光通过辐射将能量从太阳传递到地球上。左上图是太阳的光辐射图谱。其中黄色部分是在大气层以上的太阳辐射光谱，无论是从宽度（横坐标，光谱波长范围）还是从强度（纵坐标，光辐射强度），大气层以上的光谱都比红色部分，即海平面上太阳辐射光谱，要强得多。从波长分布来看，太阳辐射分为紫外、可见和红外三大部分辐射。硅基太阳能电池并不能将这些能量全吸收，只能吸收部分太阳辐射，主要集中在可见光部分。硅基太阳能电池的吸收太阳辐射的外部量子效率（EQE）如右上图中点划线所示。很显然，在紫外区域，外部量子效率有一个显著降低,说明硅基太阳能电池在紫外的吸收很弱。选择在紫外有很强吸收的荧光分子,可以将紫外光转化到可见光区域,如图中紫外吸收(实线光谱)和 620 nm 左右的红光发射(虚线光谱)所示。从吸收和发射光谱可以看出:荧光分子确实可以将硅基太阳能电池吸收较弱的紫外光吸收,再转换为硅基太阳能电池有很强吸收的可见光。如何将这一能量转换应用到实用化的光伏组件中呢?左下图给出了光伏组件的结构图。光伏组件主要由这几层材料组合而成:上表面第一层为玻璃盖板,第二层为封装膜,为一种聚合物(EVA,乙烯–醋酸乙烯酯共聚物)热熔胶膜,第三层为硅基太阳能电池板,第四层仍然是 EVA 胶膜,第五层为聚合物底板。其中 EVA 胶膜主要是起胶黏作用,将整个组件胶接在一起成为整体。在 EVA 胶膜中引入光转化物质(荧光分子),提高组件的光电转换效率的原理可以从右下图看出:如果将封装膜改为增效 EVA 胶膜,太阳光的非紫外部分仍可以直接照射到硅基太阳能电池上,保证原有的光电转换效率;而太阳能电池吸收较弱的紫外部分则会被荧光分子所吸收,并转换成为太阳能电池吸收较强的可见光,再辐射到太阳能电池板上,从而提高整个光伏组件的光电转换效率。从上述过程描述中可以看出,整个光伏组件的成本增加主要来源于荧光分子的费用和增效 EVA 胶膜的制作成本增加,而使用增效 EVA 胶膜产生的效益则来之于光伏组件的光电转换效率增加。通过实验和计算,具体结果为:利用稀土络合物掺杂 EVA 胶膜封装的多晶硅光伏组件光电转换效率增效值可以将多晶硅光伏组件发电成为从￥6.00/Wp 降到￥5.86/Wp(2010 年)。不要小看这一点点的光伏组件使用成本的降低。想一想光伏组件的普及程度以及相应的使用数量,就知道这一技术革新的意义。当然,在基础研究实验室中,更看重的是这一过程提出了一种提高光伏组件效率的新思路。特别是,在原有材料中引入高性能时还能使得材料综合使用成本降低,这是在发展高新材料过程中难以看到的结果。

上述原理很简单,应用的科学原理都是已知的知识。只是要实现起来,需要全过程的转换效率计算,从中获得满足经济要求的理论模型，最终制备出符合模型的聚合物薄膜材料。经过三年多的努力，这样的聚合物薄膜材料在我们实验室研制成功，又在企业中完成了规模化生产，成为一类新型的太阳能电池组件的封装材料。

回顾整个研发过程，最为记忆犹新的事情就是成本核算。成本计算主要考虑两方面：一是这种新型的聚合物薄膜会将太阳能电池组件的效率提高；二是新技术的介入也会提高原有封装膜的生产成本。按照项目进行时（2010 年）的成本进行核算发现：发电效率成本下降幅度比太阳能电池封装膜的造价成本上升幅度要大，造成总的经济效益提高。这也是荧光聚合物封装薄膜项目能够成功的根本原因。

成本计算是发展高科技新产品过程中必须考虑的事情。一般而言，新产品价格总会高于原有相应产品的价格。原因很简单，科技含量的提高来自科技人员的劳动，产品价值的提高是对获得新产品所付劳动的回报。这种例子举不胜举。除了太阳能电池以外，最为典型的例子是电动汽车。作为新型汽车，研发成本要高于普通燃油汽车，如何推动这种绿色、环保的新型汽车产品进入市场？只能借助政府的支持，即各种优惠政策。

这种办法很实用，却是不同于社会对新产品的基本要求：发展新产品的第一性原理就是生产企业要有利润。不断提供新产品的企业是社会发展的动力。这个动力只能来源于新产品是优于原有的旧产品。这不仅是简单的产品价格，也是包括社会需求的总成本计算。这个总成本的不断降低是对新产品的基本要求。然而，这个总成本计算却是很难完成的，涉及社会的方方面面，甚至有时是完全计算不出来。这不能不说这是一个社会难题，极大地阻碍了高科技产品，乃至整个社会的发展。

我们实验室参与的另外一个"动态工程景观"项目就很能说明这个问题。动态工程景观一改过去景观多是静态园林的观念，使用声、光、电、磁和机械的手段，将静态景观动起来，同时将与声、光、电、磁和机械相关的新技术作为景观展现在大众面前。这种将园林景观与现代科技的普及相结合的新思维和相关工程的提出，立即得到各个专业相关部门的欢迎，很快被引入很多市政园林工程项目之中。然而，在实施中遇到一个问题就是估价问题：这里的设计工作如何收费呢？

传统的园林建设中的具体材料和加工费用很好计算，而创新劳动，特别是创新的脑力劳动却很难计算。在"动态工程景观"的建设中，大量的软、硬件设计工作无法使用传统的园林建设来计算成本，最终无法通过经费审核，导致项目最终流产。此类情况是很多新产品开发遇到的共性问题，目前尚没有完美的解决办法。只能等到社会发展到一定程度，人们能够以平常心接受相关脑力劳动价格后才能解决。

有意思的是，即使是物美价廉的新产品在推广过程中也会遇到很多困难，这是发展新产品的另一种特殊情况。我所在的实验室最早的研发目标是聚合物光纤。聚合物光纤的基本原料是塑料，其生产成本远远低于玻璃光纤的成本。这在基本原理上是成立的：塑料的加工温度一般在 250 ℃ 左右，而玻璃的加工温度要在 800 ℃ 以上。这种能耗的差别造就了两种材料制品的基本价格差。这在日常生活中也是常见的现象。例如，聚合物制成的塑料袋很快就成为了"白色污染"，其中很重要的一条原因就是"价廉"。

不仅仅是价格问题。从性能上来讲，聚合物光纤的特性不同于玻璃光纤：聚合物的柔韧性使得聚合物光纤可以具有较粗的直径，方便连接，易于用在需要很多连接的短距离通信系统，专业上称之为局域网。仔细计算起来，局域网的总长度要高于干线网的总长度，就好像城市公路里程要高于高速公路里程一样。这样的应用前景推动着聚合物光纤的不断发展。然而，在信息化社会的实际发展过程中，由于光传输首先使用了玻璃光纤，在聚合物光纤开始起步发展时，玻璃光纤已经普遍占领了市场，各种配套设施已经全面占领市场。而且，由于市场效应，玻璃光纤的价格已经低于聚合物光纤。这种依靠市场的价格优势使得聚合物光纤很难再进入市场。

上述种种情况表明，新产品进入市场并不是简单地在实验室成功就可以的。从一个进行材料研究的实验室角度来看，基础性材料及其应用的研究尤其如此。

无论新产品进入市场如何困难，任何一项科研成果都会本能地想成为一种可实际使用的产品。无论是从事知识创新的大学实验室，还是注重新产品开发的企业，社会发展的内在规律决定了这一点，不依人的意志而改变。在太阳能电池组件增效封装薄膜完成了实验室试制后，实验室也大力推向产品。首先想由大学办公司，在缺少资金进行中试放大的情况下，放弃了独立办公司进行开发的愿景。之后，又采用"校企合作"的方式进行产品开发，由于校、企的需求不同，也没有成功。在运作多种范式过程中，我不断体会到：发展产品的主角应该是企业，而不是大学实验室。

　　纵观世界各国，企业大多分为两类：一是国有企业，二是民营企业。国有企业为社会提供产品的同时，还肩负着稳定国家经济的刚性任务。在刚性任务面前，一切企业利益都会让步。例如，企业在获得巨大利润之后，在稳定国家经济和投入研发两个选择之间，首先应该选择前者。为了国家经济的稳定发展，国有企业也会从利润中拿出一部分资金支持实验室结果向产品的转化。在试图这样做的过程中，支持的资金则是保守的，具体表现在资助强度不够。例如，对于太阳能电池组件的增效封装薄膜这种创新材料，企业很欢迎，新材料开发的资助资金为一百万。具体做起来才知道：要获得市场需要的一套新材料性质指标数据，仅仅测试费就需要二十多万元。这样的情况下，新材料如何进行放大实验，再进入生产流程呢？最后，只能放弃这样一条路。

　　提出"校企合作"和"教授自己办公司"就是想改变这一现状。然而，这种方案本身存在着"产权不明晰"和"专业人士做非专业工作"的内在秉性，拖着事情向背离初衷的方向发展。这种逻辑上悖论在与民营企业的合作中就体现得更为明显。民营企业没有雄厚的资金，要求合作实验室最好有成熟的产品，通过技术转让或者合作经营，将已完成的成果拿到企业内直接生产出产品。这样的方式虽然克服了"产权不明晰"和"专业人士做非专业工作"的问题，然而，在开发新产品方面，实验室多是完成了产业化的第一步，离真正产品还有很长的路要走。所以，这条路也走不通。合作的结果主要是共同去争取政府对创新产品的支持资金，重新回到与国企或者直接与政府机构的合作的途径。

　　光子学实验室所走过的路是整个社会在创新之路的微观反映。国家层面上，这个问题的解决只能依靠不断改革。重点应该在企业，而不是高等学校。企业是整个社会发展的火车头。只有火车头起到了带动作用，整个列车才能跟着前进。就已经走过的路来看，这方面还有很长的路要走，需要进一步的深化改革。

　　国内如此，国际上也是如此。一个有趣的故事是光纤产品的诞生。自从华人科学家高锟获得诺贝尔物理学奖以来，国人都了解到高锟先生是光纤之父，是他首先提出玻璃达到一定纯度之后，可以做成光纤，并用于传输信息。这一篇论文发表后，高锟也游走于各大企业，试图将自己的实验室成果走进企业，变为产品。因为他坚信信息的快速传递是社会发展的必然。三年后，在自己没有找到合适企业之际，一家制作厨具的公司——康宁公司，却主动找到了他，要实现高锟理想中的光纤产品。值得提问的是，康宁公司生产厨具，为什么会想到光纤这一个八竿子打不到的产品呢？原来，康宁公司生产的厨具，已经达到市场饱和，找不到未来的路。这个公司的老板派人到市场上调研，而具体人员没有到市场上去找，而是到图书馆查看文献和走访实验室，看看有没有未来的技术和产品。这就是典型的到知识链中寻找机会。下面的事情就简单了。调查人员找到了正在积极推销自己科研产品的高锟，双方一拍即合。最后通过康宁公司的不断努力，制造出能够传输信息的光纤，为今天的信息高速公路奠定了材料基础。

　　上面的故事中有两个要点：一是民营企业的自主性和灵活

性；二是完整的知识传承链。要实现新产品问世，两条缺一不可。国内企业最为缺少的是完整的知识传承链。这里的"完整"包括知识和技术两方面。好在认识到了这一问题的存在，相信国家会有相应的改革政策出台。

创新已经成为我们国家的国策，含有科技含量的创新产品更是创新中的重头戏。历史和现实都表明：没有科学技术的领先，经济、军事、外交等社会各个方面都是无法取得相应的进步。是时候实事求是地吸取人类文明发展中已有知识，从企业出发，在坚持成本计算的原则下，创造出种类更多、质量更好的新产品了。

后　　记

在撰写专著《光子学聚合物》时我就有写一本相关的、面向非本专业读者的科普读物的想法了，以讲述在写专著时尚未写出来的背后故事，普及与现代科学研究相关的知识。就我个人理解，科普读物与专著的区别在于：前者更趋向于面向更多的读者；在形式上多采用图形语言；在文字上强调通俗易懂，尽可能让非专业的读者能够理解。专著则更强调内容的独创性和专业性，形式强调严谨和学术规范性。撰写这本科普读物是希望有更多的读者了解科学，以及普及对科学研究的认知。

在本书快要完成时，一次与好友聊天时谈起正在写这样一本书。朋友突然说道："你这是在写回忆录吧。"一句话点醒了我。尽管写这本书的初衷并不在此，回过头来看书稿，还真有回忆录的意思。准确地说，应该是学术生涯的回忆录。作为大学教师，除了教学和科研以外，我所做的其他事情真是不多。全书以自己科研工作为主题，讲述的是与"光与聚合物相互作用"相关的故事和个人体会，是一部极具个人经历的学术回忆录。

我并不是专业的科普作家，写作本书的动机完全在于撰写专著时发现很多事情没有完全表达清楚，还有很多事情是无法写入专著之中的。由此很自然地想到写一本与专业相关的科普书籍，破除科学的神秘感，为普及科学做出一点努力。

纵览当下各种科普读物，有的是对未来科学、技术发展的畅想；有的是对已有知识点的通俗介绍；更多的是超越已有科学发展，成为科幻作品。所有这些作品都对启迪人的思维、拓宽人类的想象力起到极大的推动作用。记得小时候最喜欢读的就是《西游记》《海底两万里》等国内外的这一类书籍，不仅仅是由于故事的情节吸引，更重要的是开拓了眼界，获得了很多在教科书中所没有的知识，养成了喜欢读书的习惯。

长大后，在多年的科研工作中，我逐渐形成一种认识：所读过的科普著作过于空幻，有利于崇敬科学，但对于准确认识科学、培养科学素养还存在不足。只有结合科研实际的科普才能够具体地呈现科学，破除科学的神秘，使得科普趋于完美。

现代社会已经有很多的专业科普作家。他们的视野广阔，所写内容也多是跨学科的、超现实的内容，结合具体科研工作的科普著述相对较少。能看到的文字多限于网文，也多限于简单介绍科学技术领域的最新成果。繁忙的科技工作者没有时间撰写科普书籍，撰写的专著只有专业的读者才会去读。另外，专业工作内的酸甜苦辣感受也无法表达在自己的专著里。围绕专著的主题，写出自己科研中的感悟，既是一种内心的表达，也是科普创作的一种尝试。

退休后，有了时间，这种愿望愈加强烈。在学校举行的荣休典礼上，我做了即席发言，其中主题想法就是建议退休人员将自己的一生经历总结成为文字，使其成为学校历史的一部分。就科研人员来讲，论文多发表在国内外学术期刊上，有些还是用英文写的，科普工作就显得尤其重要。将英文论文的中文版直接发表涉及版权问题，而将自己的研究成果系列化，写成中文专著发表，可以促进中国文化的创新性发展。围绕专著的主题，将研究内容的背后故事讲出来，则会使读者更加全面地了解与专业相关的知识，走进科学研究，走进科学。

世事都是相通的。尽管专业为光子学聚合物，相关的事情可包括从学校教育到科学技术再到学科建设，直至社会发展。这样的宏伟视野，绝不是一本科普著作能够概括的，更不要说一本以光与聚合物相互作用为主线的专业科普著作。专业的人做专业的事。我只能够从自己的视角来看世界，结合自己的专业工作经历来谈对科学的理解。一己之见的是是非非只有靠读者去评判。不求有功，但求抛砖引玉。能够看到更多的退休科研人士结合自身专业经历撰写普及专业知识的著作，开启一条退休后发展文化的新途，是我的终极愿望。